水和固体基体中挥发性有机物测定

——美国环境保护署监测方法选编

梁柳玲　张新英　田　艳　黎　宁　等　编译

科　学　出　版　社

北　京

内 容 简 介

为了还原最原始的EPA方法，本书以翻译的形式展示了4种关于固体基体中挥发性有机物测定的EPA方法。为了辅助读者对EPA方法的理解，本书增加了编译者的解释及补充，并介绍疑难问题解决的经验。另外，不仅限于4种关于固体基体中挥发性有机物测定的EPA方法的翻译，对4种方法提到的相关方法也同时进行了翻译，并附有方法中提到的仪器及物品图片。

本书可供环境监测系统分析人员、疾病预防控制中心研究人员、农业系统的分析人员、高校大型仪器操作人员、企业产品分析人员和第三方监测公司分析人员等使用。

图书在版编目(CIP)数据

水和固体基体中挥发性有机物测定：美国环境保护署监测方法选编/梁柳玲等编译. —北京：科学出版社，2018.5

ISBN 978-7-03-057271-4

I. ①水… II. ①梁… III. ①挥发性有机物－测定 IV. ①X5

中国版本图书馆CIP数据核字（2018）第081953号

责任编辑：郭勇斌 肖 雷 / 责任校对：彭珍珍
责任印制：张 伟 / 封面设计：蔡美宇

科学出版社出版
北京东黄城根北街16号
邮政编码：100717
http://www.sciencep.com

北京中石油彩色印刷有限责任公司 印刷

科学出版社发行 各地新华书店经销

*

2018年5月第 一 版 开本：720×1000 1/16
2018年8月第二次印刷 印张：10
字数：193 000

定价：68.00元

（如有印装质量问题，我社负责调换）

本书编译组

组　　长　梁柳玲

副组长　张新英　田　艳　黎　宁

编　　委　（按姓氏笔画排序）

王　锦　王晓飞　韦　锋

卢　秋　叶开晓　朱开显

刘　珂　刘小萍　闭潇予

许园园　苏　荣　李世龙

何　宇　何东明　张　晶

陈　蓓　陈春霏　陈德翼

周　勤　洪　欣　秦旭芝

黄　宁　梅瀚云　梁晓曦

前　言

我国目前测定土壤中挥发性有机物的方法虽然已经有环境行业标准《土壤和沉积物　挥发性有机物的测定　吹扫捕集/气相色谱-质谱法》（HJ 605—2011）和《土壤和沉积物　挥发性有机物的测定　顶空/气相色谱-质谱法》（HJ 642—2013），但《平衡顶空法分析土壤和固体基体样品中挥发性有机物》（EPA 5021）和《密闭式吹扫捕集法检测土壤和废弃物中挥发性有机物》（EPA 5035）对物质的相互干扰，实验过程中的问题及解决方法，以及需要注意的细节均描述得非常详细，方法中列出了大量的实验数据，有很多值得借鉴之处，我国行业标准中未能体现上述内容，实有遗憾。为了还原最原始的 EPA 方法文本，本书以编译的形式展示了 4 种关于水和固体基体中挥发性有机物测定的 EPA 方法。

美国 USEPA SW-846 中 EPA 方法对固体废物中挥发性有机物标准分析方法的研究也在不断地建立和完善。EPA 5000 系列中给出了测定挥发性有机物的样品前处理方法，适用范围包括水、土壤或沉积物、固体废物、有机溶剂、空气和含油废物。主要有溶剂萃取并直接进样（高含量样品）、顶空分析（EPA 5021）、吹扫捕集（EPA 5030B）、密闭系统吹扫捕集（EPA 5035）。EPA 8000 系列给出了测定方法，其中 EPA 8015 方法是用气相色谱法测定挥发性及半挥发性非卤代烃有机化合物，EPA 8260 是用 GC 或 GC / MS 方法测定 VOCs，此项标准几乎可以测定所有的样品形式。

据笔者了解，《真空蒸馏/气相色谱/质谱（VD / GC / MS）测定挥发性有机化合物》（EPA 8261）中所提到的仪器设备在我国未见应用，即便如此，这仍可为挥发性有机物，尤其是水溶性挥发性有机物的测定提供参考。笔者在 2015～2016 年参与中国环境监测总站组织的《土壤环境监测分析方法》一书的编制工作，该书包含了《共沸蒸馏法处理不可吹扫的水溶性挥发性化合物》（EPA 5031）中关于土壤中挥发性有机物的测定，但与 EPA 5031 方法中的土壤测定和实验数据有所不同，并且缺少 EPA 5031 中其他基体中挥发性有机物的测定。

张新英负责全书的总体策划和指导，项目依托广西壮族自治区环境监测中心站，感谢编译组所有成员的辛勤付出，在方法编译过程中编译组得到了广西壮族自治区环境监测中心站领导伍毅、陈鸿腾的大力支持，在此表示衷心的感谢。

本书可供从事水和固体基体中挥发性有机物分析的人员参考使用。为了辅助读者对 EPA 方法的理解，本书增加了编译者解释及补充，将翻译的 4 个方法中提到的相关方法名称列在本书的最后，待今后继续翻译。每一章的最后有编译者补充的内容，列出了其他相关方法的应用数据，并附有方法中提到的部分仪器及物品图片。

本书编译过程参考了台湾环境保护主管部门 NIEA M157.00C《土壤及固体基体样品制备与萃取方法——平衡状态顶空处理法》、NIEA M155.01C《土壤、底泥及事业废弃物中挥发性有机物检测之样品制备与萃取方法——密闭式吹气捕捉法》、NIEA M191.00C《真空蒸馏方法》和 NIEA M190.00C《共沸蒸馏法》。感谢台湾环境保护主管部门陈文斌对编译组提供的帮助，感谢重庆市环境监测中心张晓岭的指导和帮助。

由于每个人对英文的理解不同，为了便于读者更好地理解原文，对一些特定的专业术语或容易引起误解的词，本书在给出中文翻译的同时，括号内附上原标准中的英文内容。

编译组为本书付出了很多努力，但由于水平有限，若有不当之处，恳请读者批评指正。

梁柳玲

2017 年 1 月

目　录

1 EPA 5021 平衡顶空法分析土壤和固体基体样品中挥发性有机物

1.1 适用范围

（1）本方法描述了土壤/沉积物和固体废弃物中挥发性有机物的样品制备，以及相应的气相色谱仪（GC）或气相色谱-质谱仪（GC / MS）的检测。本方法适用于利用平衡顶空法从土壤/固体基体样品中有效地分离多数具高挥发性的有机物。已使用过本方法进行土壤样品处理的化合物如表 1-1 所示。

表 1-1 平衡顶空法适用的化合物

化合物中文名	化合物英文名	CAS No.*
苯	Benzene	71-43-2
溴氯甲烷	Bromochloromethane	74-97-5
一溴二氯甲烷	Bromodichloromethane	75-27-4
溴仿	Bromoform	75-25-2
溴甲烷	Bromomethane	74-83-9
四氯化碳	Carbon tetrachloride	56-23-5
氯苯	Chlorobenzene	108-90-7
氯乙烷	Chloroethane	75-00-3
氯仿	Chloroform	67-66-3
氯甲烷	Chloromethane	74-87-3
二溴一氯甲烷	Dibromochloromethane	124-48-1
1,2-二溴-3-氯丙烷	1,2-Dibromo-3-chloropropane	96-12-8
1,2-二溴乙烷	1,2-Dibromoethane	106-93-4
二溴甲烷	Dibromomethane	74-95-3
1,2-二氯苯	1,2-Dichlorobenzene	95-50-1
1,3-二氯苯	1,3-Dichlorobenzene	541-73-1

续表

化合物中文名	化合物英文名	CAS No. *
1,4-二氯苯	1,4-Dichlorobenzene	106-46-7
二氯二氟甲烷	Dichlorodifluoromethane	75-71-8
1,1-二氯乙烷	1,1-Dichloroethane	75-34-3
1,2-二氯乙烷	1,2-Dichloroethane	107-06-2
1,1-二氯乙烯	1,1-Dichloroethene	75-35-4
反-1,2-二氯乙烯	*trans*-1,2-Dichloroethene	156-60-5
1,2-二氯丙烷	1,2-Dichloropropane	78-87-5
乙苯	Ethylbenzene	100-41-4
六氯丁二烯	Hexachlorobutadiene	87-68-3
二氯甲烷	Methylene chloride	75-09-2
萘	Naphthalene	91-20-3
苯乙烯	Styrene	100-42-5
1,1,1,2-四氯乙烷	1,1,1,2-Tetrachloroethane	630-20-6
1,1,2,2-四氯乙烷	1,1,2,2-Tetrachloroethane	79-34-5
四氯乙烯	Tetrachloroethene	127-18-4
甲苯	Toluene	108-88-3
1,2,4-三氯苯	1,2,4-Trichlorobenzene	120-82-1
1,1,1-三氯乙烷	1,1,1-Trichloroethane	71-55-6
1,1,2-三氯乙烷	1,1,2-Trichloroethane	79-00-5
三氯乙烯	Trichloroethene	79-01-6
三氯一氟甲烷	Trichlorofluoromethane	75-69-4
1,2,3-三氯丙烷	1,2,3-Trichloropropane	96-18-4
氯乙烯	Vinyl chloride	75-01-4
邻-二甲苯	*o*-Xylene	95-47-6
间-二甲苯	*m*-Xylene	108-38-3
对-二甲苯	*p*-Xylene	106-42-3
汽油范围内的有机物	Gasoline Range Organics	

* 化学文摘社登记号码。

（2）使用 EPA 8260① 方法进行测定时，其方法检出限随待测物、样品基体和

① EPA 8260：GC 或 GC / MS 方法测定挥发性有机物。

仪器的不同，方法检出限范围为 0.1～3.4 μg/kg，测定浓度范围为 10～200 μg/kg。难以有效地从土壤中进行提取的待测物，浓度低时无法检测，但浓度足够时，可得到可接受的精密度和准确度。

（3）表 1-2 中的化合物也可用本方法进行检测，可能可以用作替代物。

表 1-2 平衡顶空法替代物

化合物中文名	化合物英文名	CAS No.
溴苯	Bromobenzene	108-86-1
正丁基苯	*n*-Butylbenzene	104-51-8
仲丁基苯	sec-Butylbenzene	135-98-8
叔丁基苯	tert-Butylbenzene	98-06-6
2-氯甲苯	2-Chlorotoluene	95-49-8
4-氯甲苯	4-Chlorotoluene	106-43-4
顺-1,2-二氯乙烯	*cis*-1,2-Dichloroethene	156-59-4
1,3-二氯丙烷	1,3-Dichloropropane	142-28-9
2,2-二氯丙烷	2,2-Dichloropropane	594-20-7
1,1-二氯丙烯	1,1-Dichloropropene	563-58-6
异丙基苯	Isopropylbenzene	98-82-8
4-异丙基甲苯	4-Isopropyltoluene	99-87-6
正丙基苯	*n*-Propylbenzene	103-65-1
1,2,3-三氯苯	1,2,3-Trichlorobenzene	87-61-6
1,2,4-三甲基苯	1,2,4-Trimethylbenzene	95-63-6
1,3,5-三甲基苯	1,3,5-Trimethylbenzene	108-67-8

（4）另外，平衡顶空法可以用自动样品导入装置来筛选挥发性有机物样本，筛选时，建议根据 EPA 8021 方法，但不需要使用过多的校准和质量控制手段，使用一个试剂空白和单个校正点即可获得半定量的数据。

（5）根据本方法的操作条件，可从土壤基体中萃取出有足够挥发性的有机物，如表 1-2 所列的及其他挥发性有机化合物。对于有机物超过 1%的土壤样品或高辛醇/水分配系数的化合物，平衡顶空法测得的结果可能略低于动态吹扫捕集法和甲醛萃取后的动态吹扫捕集法的后果。

（6）本方法必须由对挥发性有机物分析、平衡顶空装置及检测方法步骤有经验的分析人员操作，或者在有经验的人员指导下进行。

1.2 方法概要

（1）采集至少 2 g 样品，密封于压盖式或螺旋式玻璃顶空瓶中。

（2）向每份样品中加入基体改性剂作为化学保存剂，再向每份样品中加入内标及标准物质。在采样现场或在实验室收样时加入均可。

（3）需要称量样品干重或进行高浓度样品分析时，需采集多瓶样品并密封于样品瓶中。

（4）在实验室将样品瓶反复旋转混合，使内标及标准物质渗入样品基体中，再将样品瓶放入自动进样器转盘中，保持室温状态。在进行分析前 1 h，将样品瓶移入自动进样器加热区中，并使其达到平衡状态，样品以机械振荡的方式混合，并保持高温。

（5）将氦气通入样品瓶中进行加压，使部分顶空气体经过已加热的连接管线，转入气相色谱仪中。

（6）使用气相色谱仪或气相色谱-质谱仪进行检测。

1.3 干扰

1.3.1 实验室干扰

实验室内普遍存在挥发性有机物，会严重干扰挥发性有机物的分析。检测二氯甲烷时必须特别注意，样品分析和储存区域必须与存在二氯甲烷的区域完全隔离，否则会产生背景干扰。由于二氯甲烷可穿透聚四氟乙烯管线，所以所有吹气管线和气相色谱仪气路管线应使用不锈钢管或铜管。分析人员进行液-液萃取时，若衣物暴露于二氯甲烷蒸气中，可能会造成样品的污染。在进行挥发性有机物测定的实验室中，若存放其他有机溶剂，注意可能会产生背景干扰。

1.3.2 样品基体干扰

样品基体本身会产生严重的干扰，这些干扰包括土壤本身的吸附效应、土壤中微生物的活动、土壤的组成等。高油质土壤和有机污泥废弃物会抑制挥发性有机物进入顶空空间的比例，导致回收率降低。“基体效应”很难处理，建议在样品基体中添加标准物质或氘代化合物（对于 GC / MS 方法来说），测定回收率。回收率可指示“基体效应”的影响程度，但不需要以此校正样品。此外，使用本方法中的高浓度操作步骤，可减少油状废弃物和其他有机污泥废弃物对挥发性有机物测定的干扰。

1.4 设备

1.4.1 样品瓶

样品瓶选用有顶空装置的 22 ml 透明玻璃瓶。样品瓶可在采样现场用附有聚四氟乙烯垫片的压盖式密封盖或螺旋盖密封，在高温密封状态该垫片中的化合物不得析出，最好每个样品瓶和垫片有一致的净重。使用前，用洗涤剂水溶液清洗样品瓶和垫片，再用自来水及无有机物的试剂水淋洗，放入 105 ℃烘箱中烘烤 1 h，从烘箱中取出后冷却，存放在不含有机溶剂的区域中备用，也可使用其他尺寸的样品瓶，垫片要合适。

1.4.2 顶空系统

本方法采用全自动化平衡顶空装置系统。有不同厂家品牌可供选择，此系统必须符合以下规范。

（1）系统必须能适用各种不同类型的样品，在高温状态下，平衡环境具有可重现性。

（2）可准确地将具有代表性的顶空气体导入毛细管柱气相色谱仪中，并且对气相色谱仪或检测器无不良影响。

（3）本方法中所使用设备的操作条件列在 1.7 节中。其他仪器设备和操作条件也可使用，但需要提供目标物的实验室性能验证，使用合适的监测方法达到预期的应用要求。

1.4.3 现场采样设备

1.4.3.1 土壤采样器

可盛装至少 2 g 的土壤采样器，如吹扫捕集土壤采样器。

1.4.3.2 自动注射器

已校正的 10.0 ml 自动注射器，用来添加基体改性剂。

1.4.3.3 微量注射器

已校正的自动注射器，用于添加内标和标准物质。

1.4.3.4 样品瓶压盖器

若使用螺旋盖，则不需要此压盖器。

1.4.4 其他设备

40 ml 或 60 mlVOA 瓶，附有聚四氟乙烯垫片的压盖式密封盖或螺旋盖。用于样品筛查、高浓度样品分析（如果需要）和干重测定。

1.5 试剂

1.5.1 不含有机物的试剂水

不含待测的目标物。

1.5.2 甲醇（CH_3OH）

农残级或同级品，与其他溶剂分开存放。宜采用小瓶装（规格为 0.5 L 或 1 L）以减少污染。

1.5.3 内标、校正标准样品、替代物的标准储备液和中间液

有关内标、校正标准样品、替代物的标准储备液和中间液的准备，参见相应的检测方法及 EPA 5000 方法。

1.5.3.1 校正添加液

制备 5 个包含所有目标物及替代物的不同浓度的标准使用溶液（甲醇溶剂），

向 22 ml 样品瓶中加入 1.0 μl 各校正添加液，校正曲线浓度范围必须涵盖检测器的线性分析范围，例如，EPA 8260 方法建议目标物及替代物浓度分别为 5 mg/L、10 mg/L、20 mg/L、40 mg/L 和 50 mg/L；建议内标浓度为 20 mg/L（使用气相色谱仪时，可不用内标）。1.0 μl 内标需另外单独加入，或者与标准中间液预先混合，保证内标在各溶液中的浓度均为 20 mg/L。上述浓度可根据气相色谱-质谱仪的相对灵敏性及其他检测方法进行适当调整。

1.5.3.2 内标和替代物

根据各检测方法给出的建议，选择适当的内标和替代物。向每个样品中添加浓度为 20 mg/L（甲醇溶剂）的内标和替代物。若使用气相色谱仪进行分析，最好使用外标法，而不用内标法。上述浓度可根据气相色谱-质谱仪的相对灵敏性及其他检测方法进行适当调整。

1.5.4 试剂空白[①]

将 10.0 ml 基体改性剂（见 1.5.6）加入样品瓶中，再加入一定量的内标和替代物，密封样品瓶，置入自动进样器中，与未知样品进行相同的分析步骤。分析此试剂空白，可判定自动进样器及顶空设备是否有问题。

1.5.5 校正标准样品[②]

按照 1.5.4 中试剂空白的制备方法，加入 1.5.3.1 的校正添加液。

1.5.6 基体改性剂

向 500 ml 不含有机物的试剂水中逐滴加入浓磷酸（H_3PO_4），直至 pH 计测得 pH＝2 为止[③]。加入 180 g NaCl，混合均匀直至所有成分溶解，按照 1.5.4 的方式，从每批次基体改性剂中取 10.0 ml 进行分析，以确认溶液中不含污染物。存放在不

① 本方法仅用纯水作为基体，而《固体废物 挥发性有机物的测定 顶空/气相色谱-质谱法》（HJ 643—2013）中在纯水基体中加入石英砂。为了了解实际样品的基体效应，本方法 1.3.2 中指出做基体加标即可。编者认为加入石英砂利弊共存。石英砂与实际基体不一致，不能代表实际样品的处理效率，并且增加污染的机会，加入石英砂可能会使得水、气、固三相体积与实际样品更为相似，三相分配与实际样品更为相似。

② 同①。

③ 《土壤和沉积物 挥发性有机物的测定 顶空/气相色谱-质谱法》（HJ 642—2013）和《固体废物 挥发性有机物的测定 顶空/气相色谱-质谱法》（HJ 643—2013）所述与此方法有所差别，即调节 pH≤2。而《危险废物鉴别标准 浸出毒性鉴别》（GB 5085.3—2007）（附录 Q 固体废物 挥发性有机物的测定 平衡顶空法）与本方法一致，即调节 pH=2。

含有机物区域、4℃密封瓶中保存。

注：此基体改性剂可能不适用于含有机碳的土壤样品，见 1.6.2（4）。

1.6 样品的采样、保存及处理

采集低浓度样品于特殊的顶空样品瓶中有三种方法。一种是在采样现场加入基体改性剂和标准物质。选择这种方法应预先知道现场情况、土壤中有机碳含量、目标物种类和分析结果的预期用途。另外两种方法不用在采样现场加入基体改性剂和标准物质。使用任何一种方法均需要在每个采样点采集 3～4 瓶样品，必要时进行重复分析。另外，如果进行干重测定和高浓度分析，需独立采集样品。

在采样时，向 22 ml 顶空样品瓶中加入 10.0 ml 基体改性剂、内标和替代物（见 1.6.2），基体改性剂可以消除分析物的生物作用，使分析物损失最小化，通过调节 pH，使脱卤化氢作用最小化。

在野外取样存在弊端，增加了基体改性剂和标液污染的可能性。另外，需要有经验的操作人员精准地加入基体改性剂，特别是内标和替代物。

若基体改性剂、内标和替代物不在野外采样时加入（见 1.6.1），可以使上述问题最小化。但是，如果在实验室重新打开样品瓶，挥发性有机物可能产生严重损失。

如果预计样品含高浓度（大于 200 μg/kg）的挥发性有机物，将样品收集于 22 ml 样品瓶中，不加基体改性剂，按照 1.7.5 高浓度检测方法直接向样品瓶中加入甲醇。

1.6.1 样品采集时不加基体改性剂及标准样品

（1）使用附聚四氟乙烯垫片的压盖式密封盖或螺旋盖的标准 22 ml 顶空样品瓶（其他瓶子也可使用，参见 1.4.1）。

（2）使用吹扫捕集土壤采样器（见 1.4.3.1），将 2～3 cm（约 2 g）的土壤样品迅速装入已预先称重的 22 ml 顶空样品瓶中，瓶盖内垫片的聚四氟乙烯层需面向样品。将样品装入玻璃顶空瓶中时，动作需轻缓以减少震动，以免挥发性有机物损失。

1.6.2 样品采集时加基体改性剂及标准样品

（1）使用附聚四氟乙烯垫片的压盖式密封盖或螺旋盖的标准 22 ml 玻璃顶空瓶（其他瓶子也可使用，参见 1.4.1）。

（2）在采样之前预先加入 10.0 ml 基体改性剂。

（3）使用吹扫捕集土壤采样器（见 1.4.3.1），将 2～3 cm（约 2 g）的土壤样品迅速装入已预先称重的 22 ml 玻璃顶空瓶中，动作需轻缓以减少震动，瓶盖内垫片的聚四氟乙烯层需面向样品。

（4）使用合适的量器（如 10 μl），按照选定的方法，小心地刺穿垫片加入一定量的内标和替代物①。

注意，以往的经验显示，当有机碳含量超过 1%时，加入基体改性剂可能会使回收率偏低，这种样品则不适合加入基体改性剂。

1.6.3 样品采集时加不含有机物的试剂水

在采样之前，向样品瓶中加入 10.0 ml 不含有机物的试剂水。此试剂水可以在野外采样时加入，也可在实验室加入并一同携带到野外。

（1）使用附聚四氟乙烯垫片的压盖式密封盖或螺旋盖的标准 22 ml 玻璃顶空瓶（其他瓶子也可使用，参见 1.4.1）。

（2）使用吹扫捕集土壤采样器（见 1.4.3.1），将 2～3 cm（约 2 g）的土壤样品迅速装入已预先称重、装有 10 ml 不含有机物的试剂水的 22 ml 玻璃顶空瓶中，瓶盖内垫片的聚四氟乙烯层需面向样品。将样品装入玻璃顶空瓶中时，动作需轻缓以减少震动，以免挥发性有机物损失。

1.6.4 现场空白

无论选择哪种方法，都要制备现场空白。如果在野外不添加基体改性剂，那么现场空白是将 10.0 ml 不含有机物的试剂水加入干净的样品瓶中，立即密封。如果在野外添加基体改性剂和标准样品，那么现场空白是将 10.0 ml 基体改性剂、内标和替代物加入干净的样品瓶中。

1.6.5 附加样品

在每一采样点另外用 40 ml 或 60 ml VOA 瓶装满样品，用于样品干重测定、样品筛查检测和必要时进行高浓度样品分析。样品筛查不是必须的，如果分析高浓度样品不会带来交叉污染的问题，则可以不考虑样品筛查。

---

① 以刺穿垫片的方式加入内标和替代物，即使在实验室分析时仪器加压也不会引起组分泄露损失，广西壮族自治区环境监测中心站实验室做过相关验证。

1.6.6 样品保存

（1）在分析前将样品保存于 4 ℃环境下，样品保存区域必须不含有机溶剂蒸气。

（2）样品必须于采样后 14 d 内完成分析；若未在此时间内进行分析，必须告知样品使用者，并且其结果应该作为最低参考含量[①]。

1.7 步骤

1.7.1 样品筛查

本方法（采用低浓度样品的操作步骤）可用 EPA 8015 方法（GC / FID）或 EPA 8021 方法（GC / PID / ELCD）检测，以作为样品导入气相色谱-质谱仪前的样品筛查，样品筛查可帮助检测人员判定样品中挥发性有机物的大概浓度。在以吹扫捕集法进行挥发性有机物样品分析前，筛查极有必要，可以避免高浓度样品污染系统。筛查对平衡顶空法的选择也有帮助，可协助判定需使用高浓度检测方法还是低浓度检测方法。高浓度挥发性有机物不会污染顶空设备，但是会造成对气相色谱仪或气相色谱-质谱仪的污染。进行样品筛查时，不需要过多的校准和质量控制，通常只要进行一个试剂空白和单点校正即可。

1.7.2 样品干重百分比测定

某些情况下，样品测试结果需以干重表示。从 40 ml 或 60 ml VOA 瓶中取出部分样品用于干重百分比测定。

注意用于干燥的烘箱需放在抽风柜或抽气设备中，严重污染的有害废弃物样品可能造成严重的实验室污染。

在称完用作萃取的样品之后，立即称取 5～10 g 样品，于 105 ℃烘箱内烘烤过夜，测定其干重百分比，在干燥器内冷却后，称重。根据下式计算样品干重百分比：

$$\text{干重百分比（\%）}=\frac{\text{干重质量（g）}}{\text{样品总重量（g）}}\times 100\%$$

① 挥发性有机物容易因挥发而损失，原文认为这种情况下测出的结果应该被认为是可能的最小值，这是在样品保存区域必须不含有机溶剂蒸气的前提下才成立；如果存在外界污染，有可能测定结果就不是最低含量。

1.7.3 不同样品检测建议的方法

低浓度样品的平衡顶空法参见 1.7.4，高浓度样品检测方法中的样品制备步骤参见 1.7.5。对于明显含有油状废弃物或有机污泥废弃物的样品，建议使用高浓度样品检测方法，参见 EPA 5000 方法中 7.0 气相色谱仪或气相色谱-质谱仪检测方法。进行油品分析时，可使用 EPA 8021 方法中 GC / PID 方法；进行苯系物分析时，可使用 EPA 8015 方法中 GC / FID 针对碳氢化合物的方法；进行油品中苯系物分析时，优选气相色谱-质谱仪，可参考 EPA 8260 方法。

1.7.4 样品检测范围

用平衡顶空法测定土壤/沉积物和固体废弃物低浓度样品（浓度范围为 0.5～200 μg/kg，真正适用的浓度范围还需根据检测方法及待测物的灵敏度而定）。

1.7.4.1 校正

先对气相色谱仪或气相色谱-质谱仪进行校正，然后才能进行样品分析，校正方法参照 EPA 5000 方法。气相色谱法最好使用外标法，因内标校正可能会干扰测定。若根据以往检测的经验得知不存在内标干扰问题，则可使用内标校正。使用气相色谱-质谱仪时，一般使用内标法。GC / MS 在分析校正曲线之前必须进行性能检测。

（1）GC / MS 性能检测

若使用 GC / MS 方法，应先向 22 ml 的顶空瓶中加入试剂水，并加入一定量的 4-溴氟苯（BFB）样品，按照检测方法进行性能检测。

（2）起始校正

根据 1.5.5，准备 5 个 22 ml 样品瓶及一个试剂空白（见 1.5.4）。根据 1.7.4.2 中（2）操作步骤，按照选用的检测方法进行测定。由于样品瓶中不含土壤，所以可省略样品混合步骤。

（3）标准曲线校准

根据 1.5.5，准备一个 22 ml 样品瓶，配置中间浓度点。按照 1.7.4.2 中（4）（将样品瓶置入自动进样器中）及检测方法进行测定。

1.7.4.2 顶空操作条件

按照 1.4.2 和 EPA 8260 方法进行操作。若使用其他设备系统，建议按照制造商提供的操作条件进行，但该系统需具备至少符合所选择标准中的要求。

（1）本方法设计检测量为 2 g，按照 1.6 进行样品制备。在采样现场，将 2 g 的土壤样品置于 22 ml 压盖式或旋盖式的顶空样品瓶中，密封。

（2）进行检测前，称量密封的样品瓶及瓶内样品，精确至 0.01 g。若在采样时加入基体改性剂（见 1.6.2），则需先将空的附盖样品瓶连同 10.0 ml 基体改性剂一同在天平上归零。

（3）若在采样时没有加入基体改性剂（见 1.6.1），则将样品瓶开封，快速加入 10.0 ml 基体改性剂，并根据分析方法加入内标和标准物质，再立即密封样品瓶。如 1.6 所述，重新打开瓶子会使挥发性有机物损失，而且 10.0 ml 的顶空空气被基体改性剂替代，也会使挥发性有机物损失。

注：每次只打开一个样品瓶进行制备，以减少挥发性有机物的损失。

（4）在旋转器或振荡器上至少混合样品 2 min，使其混合均匀。在室温下，将样品瓶放在自动进样器上，各样品瓶移至加热区，在 85 ℃下加热平衡 50 min。每一样品在加热平衡阶段用机械式震动方式混合至少 10 min。样品瓶用氦气加压到 10 psi①。

（5）根据仪器制造商的建议，将顶空瓶加压，顶空样品通过已加热的转接连线管路，导入气相色谱仪色谱柱中。

（6）根据所选用的检测方法进行分析。

1.7.5 高浓度检测方法

1.7.5.1 采样时未加入基体改性剂或不含有机物的试剂水

若按照 1.6.1，在采样时未加入基体改性剂或不含有机物的试剂水，称量样品放入归零的 22 ml 的样品瓶中，精确到 0.01 g，加入 10.0 ml 甲醇，密封样品瓶。每次操作仅打开一个瓶子，以减少挥发性有机物损失。

① 1psi≈6.89476×10^3 Pa。

1.7.5.2 采样时加入基体改性剂或不含有机物的试剂水

若按照 1.6.2 或 1.6.3，在采样时加入基体改性剂或不含有机物的试剂水，则高浓度样品的检测需要从 40 ml 或 60 ml VOA 瓶中重新取样，取出约 2 g 样品，放入已归零的 22 ml 样品瓶中，再加入 10.0 ml 甲醇，然后密封 VOA 瓶和 22 ml 的顶空瓶。每次操作仅打开一个瓶子，以减少挥发性有机物损失。

1.7.5.3 样品处理

在室温下，振荡 10 min，使样品充分混合，将 2 ml 甲醇溶液[①]转移[②]至附聚四氟乙烯垫片螺旋盖的瓶中，密封。抽取[③]10 μl 或参照附表 2 选择适当萃取液体积，注入含 10.0 ml 基体改性剂、内标（若有需要）和替代物的 22 ml 样品瓶中，将样品瓶放入自动进样器，按照 1.7.4.2 中（4）进行顶空检测。

1.8 质量控制

（1）参考第一章具体的质量控制程序和 EPA 5000 方法的样品制备及样品准备质量控制程序。

（2）在进行样品分析之前，检测人员必须对不含有机物的试剂水进行空白分析，以确认所有玻璃器皿和试剂无干扰。进行每批次样品萃取或使用新试剂时，必须进行空白分析，以确认实验室内不存在例行干扰。试剂空白必须进行所有的样品制备及检测步骤。

（3）绩效评估：每个实验室在使用本方法之前，必须进行样品制备及检测方法的绩效评估，进行各目标待测物在洁净的参考基体中的分析，检测数据的精密度及准确度是否在可接受范围。当进行新进人员训练或仪器有重大改变时，实验室需重复进行下列步骤，参见 EPA 5000 方法中 8.0 及 EPA 8000 方法的内容。

（4）样品制备和检测质量控制：依照 EPA 5000 方法中 8.0 及 EPA 8000 方法，针对每批次样品进行空白分析、基体加标/基体加标平行或基体加标/平行样品分析、实验室控制样品（laboratory control sample，LCS）和每个样品的替代物加标及质量

① 甲醇上清液。
② 直接倾倒或用滴管转移约 2 ml 即可。
③ 若用微量取样针进行取样，存在堵塞的可能。

控制（quality control，QC）样品，其结果须在可接受范围。

（5）建议实验室使用本方法时，可采用额外较多的质量保证措施，针对实验室需求及样品特性，建立最佳的特定质量保证措施。若可能，实验室应分析标准参考物质并参加相关的绩效评估研究。

1.9 方法性能

应用以上分析方法在砂和田园表土两种土壤基体中得到了单一的实验室精密度及准确度数据，相关数据参见 EPA 8260[①]方法。

参考文献

Flores，P.，Bellar，T.，“Determination of Volatile Organic Compounds in Soils using Equilibrium Headspace Analysis and Capillary Column Gas Chromatography/Mass Spectrometry，” U.S.Environmental Protection Agency，Office of Research and Development，Environmental Monitoring Systems Laboratory，Cincinnati，OH，December，1992.

Ioffe，B.V.，Vitenberg，A.G.，“Headspace Analysis and Related Methods in Gas Chromatography，” John Wiley and Sons，1984.

附表

附表 1　平衡顶空相匹配的检测方法

方法编号	方法名称
EPA 8015	GC / FID 测定非卤化挥发性有机物
EPA 8021	GC 系列探测器测定芳香卤代挥发性有机物
EPA 8260	GC / MS 测定挥发性有机物

附表 2　高浓度土壤/沉积物样品检测时甲醇溶剂所需体积

估计浓度范围/(μg/kg)	甲醇溶剂体积 ª/μl
500～10 000	100
1 000～20 000	50
5 000～100 000	10

① 更多数据见“编者补充的内容”。

续表

估计浓度范围/(μg/kg)	甲醇溶剂体积[a]/μl
25 000～500 000	100 μl 的 1/50 稀释液[b]

注：浓度超过本表所示范围时，计算适当的稀释倍数。

a 进行吹气步骤的 5 ml 水中的甲醇溶剂体积必须保持固定，因此，无论加入到 5 ml 注射针筒中的甲醇溶剂体积为多少，最后加入的溶液总体积必须一律为 100 μl。

b 取一定体积的甲醇溶剂稀释后，再取 100 μl 进行分析[①]。

附图

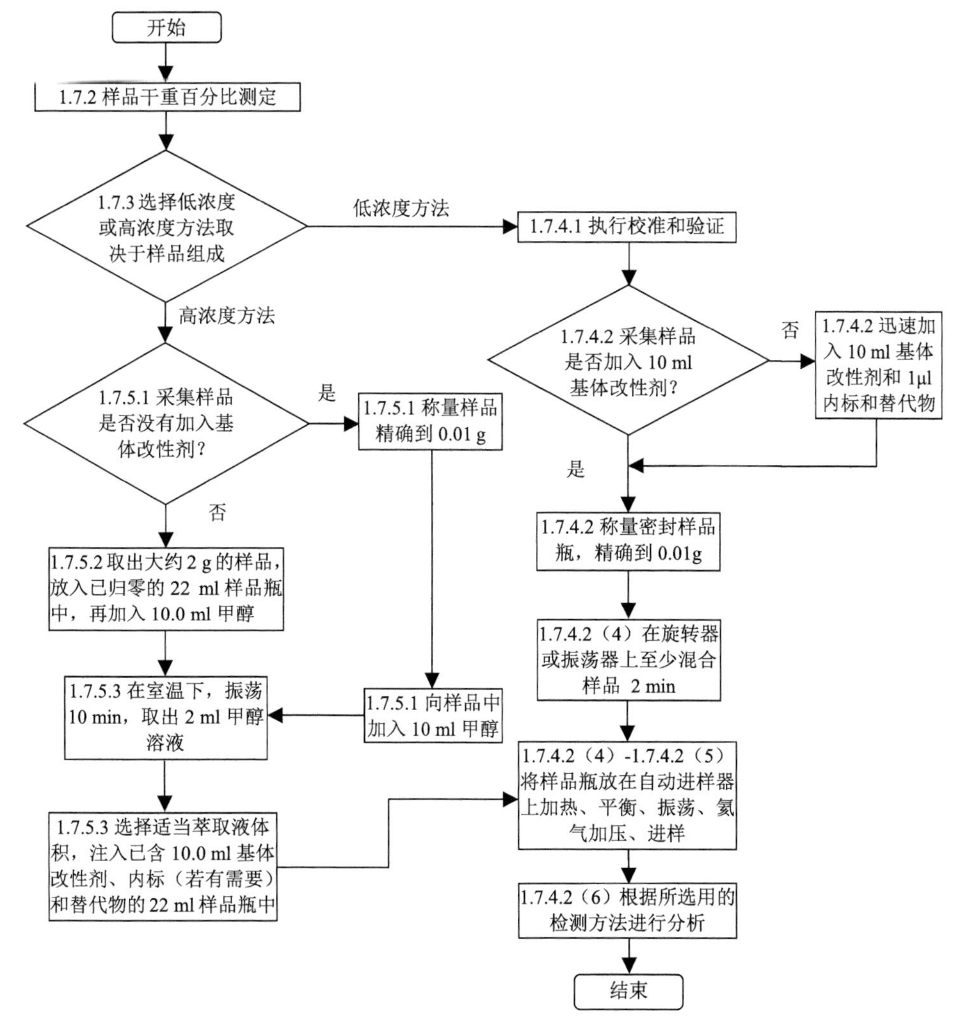

附图 1　平衡顶空法分析土壤和其他固体基体中的挥发性有机物流程图

① 甲醇溶剂稀释 50 倍后，再取 100 μl 加入水中。

附录*

表 1　EPA 8260 中适合于平衡顶空法处理的化合物一览表

化合物中文名	化合物英文名	CAS No.[b]	适当的制备方法[a]					
			5030/5035	5031	5032	5021	5041	直接进样
丙酮	Acetone	67-64-1	ht	c	c	nd	c	c
乙腈	Acetonitrile	75-05-8	pp	c	nd	nd	nd	c
丙烯醛（醛）	Acrolein (Propenal)	107-02-8	pp	c	c	nd	nd	c
丙烯腈	Acrylonitrile	107-13-1	pp	c	c	nd	c	c
烯丙醇	Allyl alcohol	107-18-6	ht	c	nd	nd	nd	c
烯丙基氯	Allyl chloride	107-05-1	c	nd	nd	nd	nd	c
叔戊基乙基醚（TAEE）	*t*-Amyl ethyl ether (TAEE)	919-94-8	c / ht	nd	nd	c	nd	c
叔戊基甲基醚（TAME）	*t*-Amyl methyl ether (TAME)	994-05-8	c / ht	nd	nd	c	nd	c
苯	Benzene	71-43-2	c	nd	c	c	c	c
氯化苄	Benzyl chloride	100-44-7	c	nd	nd	nd	nd	c
双（2-氯乙基）醚	Bis(2-chloroethyl)sulfide	505-60-2	pp	nd	nd	nd	nd	c
溴丙酮	Bromoacetone	598-31-2	pp	nd	nd	nd	nd	c
溴氯甲烷	Bromochloromethane	74-97-5	c	nd	c	c	c	c
一溴二氯甲烷	Bromodichloromethane	75-27-4	c	nd	c	c	c	c
4-溴氟苯（替代物）	4-Bromofluorobenzene (surr)	460-00-4	c	nd	c	c	c	c
溴仿	Bromoform	75-25-2	c	nd	c	c	c	c
溴甲烷	Bromomethane	74-83-9	c	nd	c	c	c	c
正丁醇	*n*-Butanol	71-36-3	ht	c	nd	nd	nd	c
2-丁酮（MEK）	2-Butanone (MEK)	78-93-3	pp	c	c	nd	nd	c
叔丁醇	*t*-Butyl alcohol	75-65-0	ht	c	nd	nd	nd	c
二硫化碳	Carbon disulfide	75-15-0	c	nd	c	nd	c	c
四氯化碳	Carbon tetrachloride	56-23-5	c	nd	c	c	c	c
水合氯醛	Chloral hydrate	302-17-0	pp	nd	nd	nd	nd	c
氯苯	Chlorobenzene	108-90-7	c	nd	c	c	c	c

* 本附录为编译者补充整理。

续表

化合物中文名	化合物英文名	CAS No.[b]	适当的制备方法[a]					
			5030/5035	5031	5032	5021	5041	直接进样
氯苯-D_5（内标）	Chlorobenzene- D_5 (IS)		c	nd	c	c	c	c
一氯二溴甲烷	Chlorodibromomethane	124-48-1	c	nd	c	nd	c	c
氯乙烷	Chloroethane	75-00-3	c	nd	c	c	c	c
氯乙醇	2-Chloroethanol	107-07-3	pp	nd	nd	nd	nd	c
2-氯乙基乙烯基醚	2-Chloroethyl vinyl ether	110-75-8	c	nd	c	nd	nd	c
氯仿	Chloroform	67-66-3	c	nd	c	c	c	c
氯甲烷	Chloromethane	74-87-3	c	nd	c	c	c	c
氯丁橡胶	Chloroprene	126-99-8	c	nd	nd	nd	nd	c
巴豆醛	Crotonaldehyde	4170-30-3	pp	c	nd	nd	nd	c
1,2-二溴-3-氯丙烷	1,2-Dibromo-3-chloropropane	96-12-8	pp	nd	nd	c	nd	c
1,2-二溴乙烷	1,2-Dibromoethane	106-93-4	c	nd	nd	c	nd	c
二溴甲烷	Dibromomethane	74-95-3	c	nd	c	c	c	c
邻二氯苯	1,2-Dichlorobenzene	95-50-1	c	nd	nd	c	nd	c
1,3-二氯苯	1,3-Dichlorobenzene	541-73-1	c	nd	nd	c	nd	c
1,4-二氯苯	1,4-Dichlorobenzene	106-46-7	c	nd	nd	c	nd	c
1,4-二氯苯-D_4（内标）	1,4-Dichlorobenzene-D_4 (IS)		c	nd	nd	c	nd	c
顺-1,4-二氯-2-丁烯	*cis*-1,4-Dichloro-2-butene	1476-11-5	c	nd	c	nd	nd	c
反-1,4-二氯-2-丁烯	*trans*-1,4-Dichloro-2-butene	110-57-6	c	nd	c	nd	nd	c
二氯二氟甲烷	Dichlorodifluoromethane	75-71-8	c	nd	c	c	nd	c
1,1-二氯乙烷	1,1-Dichloroethane	75-34-3	c	nd	c	c	c	c
1,2-二氯乙烷	1,2-Dichloroethane	107-06-2	c	nd	c	c	c	c
1,2-二氯乙烷-D_4（替代物）	1,2-Dichloroethane-D_4 (surr)		c	nd	c	c	c	c
1,1-二氯乙烯	1,1-Dichloroethene	75-35-4	c	nd	c	c	c	c
反-1,2-二氯乙烯	*trans*-1,2-Dichloroethene	156-60-5	c	nd	c	c	c	c
1,2-二氯丙烷	1,2-Dichloropropane	78-87-5	c	nd	c	c	c	c
1,3-二氯-2-丙醇	1,3-Dichloro-2-propanol	96-23-1	pp	nd	nd	nd	nd	c
顺-1,3-二氯丙烯	*cis*-1,3-Dichloropropene	10061-01-5	c	nd	c	nd	c	c
反-1,3-二氯丙烯	*trans*-1,3-Dichloropropene	10061-02-6	c	nd	c	nd	c	c

续表

化合物中文名	化合物英文名	CAS No.[b]	适当的制备方法[a]					
			5030/5035	5031	5032	5021	5041	直接进样
1,2,3,4-二环氧丁烷	1,2,3,4-Diepoxybutane	1464-53-5	c	nd	nd	nd	nd	c
乙醚	Diethyl ether	60-29-7	c	nd	nd	nd	nd	c
二异丙醚（DIPE）	Diisopropyl ether (DIPE)	108-20-3	c / ht	nd	nd	c	nd	c
1,4-二氟苯（内标）	1,4-Difluorobenzene (IS)	540-36-3	c	nd	nd	nd	c	nd
1,4-二氧六环	1,4-Dioxane	123-91-1	ht	c	c	nd	nd	c
环氧氯丙烷	Epichlorohydrin	106-89-8	I	nd	nd	nd	nd	c
乙醇	Ethanol	64-17-5	I	c	c	nd	nd	c
乙酸乙酯	Ethyl acetate	141-78-6	I	c	nd	nd	nd	c
乙苯	Ethylbenzene	100-41-4	c	nd	c	c	c	c
环氧乙烷	Ethylene oxide	75-21-8	pp	c	nd	nd	nd	c
甲基丙烯酸乙酯	Ethyl methacrylate	97-63-2	c	nd	c	nd	nd	c
氟苯（内标）	Fluorobenzene (IS)	462-06-6	c	nd	nd	nd	nd	nd
乙基叔丁基醚（ETBE）	Ethyl tert-butyl ether (ETBE)	637-92-3	c / ht	nd	nd	c	nd	c
六氯丁二烯	Hexachlorobutadiene	87-68-3	c	nd	nd	c	nd	c
六氯乙烷	Hexachloroethane	67-72-1	I	nd	nd	nd	nd	c
2-己酮	2-Hexanone	591-78-6	pp	nd	c	nd	nd	c
碘甲烷	Iodomethane	74-88-4	c	nd	c	nd	c	c
异丁醇	Isobutyl alcohol	78-83-1	ht / pp	c	nd	nd	nd	c
异丙苯	Isopropylbenzene	98-82-8	c	nd	nd	c	nd	c
丙二腈	Malononitrile	109-77-3	pp	nd	nd	nd	nd	c
甲基丙烯腈	Methacrylonitrile	126-98-7	pp	I	nd	nd	nd	c
甲醇	Methanol	67-56-1	I	c	nd	nd	nd	c
二氯甲烷	Methylene chloride	75-09-2	c	nd	c	c	c	c
甲基丙烯酸甲酯	Methyl methacrylate	80-62-6	c	nd	nd	nd	nd	c
4-甲基-2-戊酮（MIBK）	4-Methyl-2-pentanone (MIBK)	108-10-1	pp	c	c	nd	nd	c
甲基叔丁基醚（MTBE）	Methyl tert-butyl ether (MTBE)	1634-04-4	c / ht	nd	nd	c	nd	c
萘	Naphthalene	91-20-3	c	nd	nd	c	nd	c
硝基苯	Nitrobenzene	98-95-3	c	nd	nd	nd	nd	c

续表

化合物中文名	化合物英文名	CAS No.[b]	适当的制备方法[a]					
			5030/5035	5031	5032	5021	5041	直接进样
2-硝基丙烷	2-Nitropropane	79-46-9	c	nd	nd	nd	nd	c
N-亚硝基二正丁胺	*N*-Nitroso-di-*n*-butylamine	924-16-3	pp	c	nd	nd	nd	c
三聚乙醛	Paraldehyde	123-63-7	pp	c	nd	nd	nd	c
五氯乙烷	Pentachloroethane	76-01-7	I	nd	nd	nd	nd	c
2-戊酮	2-Pentanone	107-87-9	pp	c	nd	nd	nd	c
2-甲基吡啶	2-Picoline	109-06-8	pp	c	nd	nd	nd	c
正丙醇	1-Propanol	71-23-8	ht / pp	c	nd	nd	nd	c
异丙醇	2-Propanol	67-63-0	ht / pp	c	nd	nd	nd	c
丙炔醇	Propargyl alcohol	107-19-7	pp	I	nd	nd	nd	c
β-丙内酯	*β*-Propiolactone	57-57-8	pp	nd	nd	nd	nd	c
丙腈（乙基氰）	Propionitrile (ethyl cyanide)	107-12-0	ht	c	nd	nd	nd	pc
正丙胺	*n*-Propylamine	107-10-8	c	nd	nd	nd	nd	c
吡啶	Pyridine	110-86-1	I	c	nd	nd	nd	c
苯乙烯	Styrene	100-42-5	c	nd	c	c	c	c
1,1,1,2-四氯乙烷	1,1,1,2-Tetrachloroethane	630-20-6	c	nd	nd	c	c	c
1,1,2,2-四氯乙烷	1,1,2,2-Tetrachloroethane	79-34-5	c	nd	c	c	c	c
四氯乙烯	Tetrachloroethene	127-18-4	c	nd	c	c	c	c
甲苯	Toluene	108-88-3	c	nd	c	c	c	c
甲苯-D_8（替代物）	Toluene-D_8 (surr)	2037-26-5	c	nd	c	c	c	c
邻甲苯胺	*o*-Toluidine	95-53-4	pp	c	nd	nd	nd	c
1,2,4-三氯苯	1,2,4-Trichlorobenzene	120-82-1	c	nd	nd	c	nd	c
三氯乙烷	1,1,1-Trichloroethane	71-55-6	c	nd	c	c	c	c
1,1,2-三氯乙烷	1,1,2-Trichloroethane	79-00-5	c	nd	c	c	c	c
三氯乙烯	Trichloroethene	79-01-6	c	nd	c	c	c	c
三氯氟甲烷	Trichlorofluoromethane	75-69-4	c	nd	c	c	c	c
1,2,3-三氯丙烷	1,2,3-Trichloropropane	96-18-4	c	nd	c	c	c	c
醋酸乙烯酯	Vinyl acetate	108-05-4	c	nd	c	nd	nd	c
氯乙烯	Vinyl chloride	75-01-4	c	nd	c	c	c	c

续表

化合物中文名	化合物英文名	CAS No.[b]	适当的制备方法[a]					
			5030/5035	5031	5032	5021	5041	直接进样
邻-二甲苯	*o*-Xylene	95-47-6	c	nd	c	c	c	c
间-二甲苯	*m*-Xylene	108-38-3	c	nd	c	c	c	c
对-二甲苯	*p*-Xylene	106-42-3	c	nd	c	c	c	c

a 见 EPA8260C 1.1 节其他适当的样品制备技术；
b CAS 登记号；
c = 通过这种技术有满意的响应；
ht = 方法仅在 80℃下吹扫；
nd = 未检出；
I = 对于此化合物此技术不合适；
pc = 色谱行为较差；
pp = 吹扫效率低，导致高估计定量限；
surr = 替代物；
IS = 内标。

表 2 用平衡顶空法制备样品内标和替代物（EPA 5021）

化合物中文名	化合物英文名	化合物中文名	化合物英文名	化合物中文名	化合物英文名
氯仿-D_1	Chloroform-D_1	1,1,2-三羧酸（TCA）D_3	1,1,2-TCA-D_3	溴苯-D_5	Bromobenzene-D_5
二氯二氟甲烷	Dichlorodifluoromethane	1,1,1-三氯乙烷	1,1,1-Trichloroethane	氯苯	Chlorobenzene
氯甲烷	Chloromethane	1,1-二氯丙烯	1,1-Dichloropropene	溴仿	Bromoform
氯乙烯	Vinyl chloride	四氯化碳	Carbon tetrachloride	苯乙烯	Styrene
溴甲烷	Bromomethane	苯	Benzene	异丙苯	iso-Propylbenzene
氯乙烷	Chloroethane	二溴甲烷	Dibromomethane	溴苯	Bromobenzene
三氯氟甲烷	Trichlorofluoromethane	1,2-二氯丙烷	1,2-Dichloropropane	正丙苯	*n*-Propylbenzene
1,1-二氯乙烯	1,1-Dichloroethene	三氯乙烯	Trichloroethene	2 -氯甲苯	2-Chlorotoluene
二氯甲烷	Methylene chloride	一溴二氯甲烷	Bromodichloromethane	4-氯甲苯	4-Chlorotoluene
反-1,2-二氯乙烯	*trans*-1,2-Dichloroethene	顺-1,3-二氯丙烯	*cis*-1,3-Dichloropropene	均三甲苯	1,3,5-Trimethylbenzene
1,1-二氯乙烷	1,1-Dichloroethane	反-1,3-二氯丙烯	*trans*-1,3-Dichloropropene	叔丁基苯	tert-Butylbenzene
顺-1,2-二氯乙烯	*cis*-1,2-Dichloroethene	1,1,2-三氯乙烷	1,1,2-Trichloroethane	1,2,4-三甲基苯	1,2,4-Trimethylbenzene
溴氯甲烷	Bromochloromethane	甲苯	Toluene	仲丁基苯	sec-Butylbenzene
氯仿	Chloroform	1,3-二氯丙烷	1,3-Dichloropropane	1,3-二氯苯	1,3-Dichlorobenzene
2,2-二氯丙烷	2,2-Dichloropropane	二溴一氯甲烷	Dibromochloromethane	1,4-二氯苯	1,4-Dichlorobenzene
1,2-二氯乙烷	1,2-Dichloroethane	1,2-二溴乙烷	1,2-Dibromoethane	对甲基异丙基苯	*p*-iso-Propyltoluene

续表

化合物中文名	化合物英文名	化合物中文名	化合物英文名	化合物中文名	化合物英文名
四氯乙烯	Tetrachloroethene	邻二甲苯	*o*-Xylene	1,2-二溴-3-氯丙烷	1,2-Dibromo-3-chloropropane
1,1,2-三氯乙烷	1,1,2-Trichloroethane	1,1,2,2-四氯乙烷	1,1,2,2-Tetrachloroethane	1,2,4-三氯苯	1,2,4-Trichlorobenzene
乙苯	Ethylbenzene	1,2,3-三氯丙烷	1,2,3-Trichloropropane	萘	Naphthalene
间二甲苯	*m*-Xylene	1,2-二氯苯	1,2-Dichlorobenzene	六氯丁二烯	Hexachlorobutadiene
对-二甲苯	*p*-Xylene	叔丁基苯	tert-Butylbenzene	1,2,3-三氯苯	1,2,3-Trichlorobenzene

表 3 分析强化砂的准确度与最低定量限（MQL）[a]

（用 EPA 5021 平衡顶空法分析）

待测物	相对标准偏差/%	MQL/(μg/kg)
苯(Benzene)	3.0	0.34
溴氯甲烷(Bromochloromethane)	3.4	0.27
一溴二氯甲烷(Bromodichloromethane)	2.4	0.21
溴仿(Bromoform)	3.9	0.30
溴甲烷(Bromomethane)	11.6	1.30
四氯化碳(Carbon tetrachloride)	3.6	0.32
氯苯(Chlorobenzene)	3.2	0.24
氯乙烷(Chloroethane)	5.6	0.51
氯仿(Chloroform)	3.1	0.30
氯甲烷(Chloromethane)	4.1	3.50[b]
1,2-二溴-3-氯丙烷(1,2-dibromo-3-chloropropane)	5.7	0.40
1,2-二溴乙烷(1,2-Dibromoethane)	3.2	0.29
二溴甲烷(Dibromomethane)	2.8	0.20
1,2-二氯苯(1,2-Dichlorobenzene)	3.3	0.27
1,3-二氯苯(1,3-Dichlorobenzene)	3.4	0.24
1,4-二氯苯(1,4-Dichlorobenzene)	3.7	0.30
二氯二氟甲烷(Dichlorodifluoromethane)	3.0	0.28
1,1-二氯乙烷(1,1-Dichloroethane)	4.5	0.41
1,2-二氯乙烷(1,2-Dichloroethane)	3.0	0.24
1,1-二氯乙烯(1,1-Dichloroethene)	3.3	0.28
顺-1,2-二氯乙烯(*cis*-1,2-Dichloroethene)	3.2	0.27

续表

待测物	相对标准偏差/%	MQL/(μg/kg)
反-1,2-二氯乙烯(*trans*-1,2-Dichloroethene)	2.6	0.22
1,2-二氯丙烷(1,2-Dichloropropane)	2.6	0.21
1,1-二氯丙烷(1,1-Dichloropropane)	3.2	0.30
顺-1,3-二氯丙烷(*cis*-1,3-Dichloropropane)	3.4	0.27
乙苯(Ethylbenzene)	4.8	0.47
六氯丁二烯(Hexachlorobutadiene)	4.1	0.38
二氯甲烷(Methylene chloride)	8.2	0.62[c]
萘(Naphthalene)	16.8	3.40[c]
苯乙烯(Styrene)	7.9	0.62
1,1,1,2-四氯乙烷(1,1,1,2-Tetrachloroethane)	3.6	0.27
1,1,2,2-四氯乙烷(1,1,2,2-Tetrachloroethane)	2.6	0.20
四氯乙烯(Tetrachloroethene)	9.8	1.20[c]
甲苯(Toluene)	3.5	0.38
1,2,4-三氯苯(1,2,4-Trichlorobenzene)	4.2	0.44
1,1,1-三氯乙烷(1,1,1-Trichloroethane)	2.7	0.27
1,1,2-三氯乙烷(1,1,2-Trichloroethane)	2.6	0.20
三氯乙烯(Trichloroethene)	2.3	0.19
三氯一氟甲烷(Trichlorofluoromethane)	2.7	0.31
1,2,3-三氯丙烷(1,2,3-Trichloropropane)	1.5	0.11
氯乙烯(Vinyl chloride)	4.8	0.45
间-二甲苯，对-二甲苯(*m*-Xylene, *p*-Xylene)	3.6	0.37
邻-二甲苯(*o*-Xylene)	3.6	0.33

a 大部分的化合物添加浓度为 2 ng/g (2μg/kg)；
b 因甲醇造成不正确离子化；
c 化合物在未添加的砂含量＞1 ng。

表 4　田园表土添加 20 μg/kg 待测物回收率测试结果

（用 EPA 5021 平衡顶空法分析）

待测物	回收量/ng			平均/ng	相对标准偏差/%	回收率/%
	样品 1	样品 2	样品 3			
苯	37.6	35.2	38.4	37.1	3.7	185[a]
溴氯甲烷	20.5	19.4	20.0	20.0	2.3	100
一溴二氯甲烷	21.1	20.3	22.8	21.4	4.9	107

续表

待测物	回收量/ng			平均/ng	相对标准偏差/%	回收率/%
	样品 1	样品 2	样品 3			
溴仿	23.8	23.9	25.1	24.3	2.4	121
溴甲烷	21.4	19.5	19.7	20.2	4.2	101
四氯化碳	27.5	26.6	28.6	27.6	3.0	138
氯苯	25.6	25.4	26.4	25.8	1.7	129
氯乙烷	25.0	24.4	25.3	24.9	1.5	125
氯仿	21.9	20.9	21.7	21.5	2.0	108
氯甲烷	21.0	19.9	21.3	20.7	2.9	104[a]
1,2-二溴-3-氯丙烷	20.8	20.8	21.0	20.9	0.5	104
1,2-二溴乙烷	20.1	19.5	20.6	20.1	2.2	100
二溴甲烷	22.2	21.0	22.8	22.0	3.4	110
1,2-二氯苯	18.0	17.7	17.1	17.6	2.1	88.0
1,3-二氯苯	21.2	21.0	20.1	20.8	2.3	104
1,4-二氯苯	20.1	20.9	19.9	20.3	2.1	102
二氯二氟甲烷	25.3	24.1	25.4	24.9	2.4	125
1,1-二氯乙烷	23.0	22.0	22.7	22.6	1.9	113
1,2-二氯乙烷	20.6	19.5	19.8	20.0	2.3	100
1,1-二氯乙烯	24.8	23.8	24.4	24.3	1.7	122
顺-1,2-二氯乙烯	21.6	20.0	21.6	21.1	3.6	105
反-1,2-二氯乙烯	22.4	21.4	22.2	22.0	2.0	110
1,2-二氯丙烷	22.8	22.2	23.4	22.8	2.1	114
1,1-二氯丙烷	26.3	25.7	28.0	26.7	3.7	133
顺-1,3-二氯丙烷	20.3	19.5	21.1	20.3	3.2	102
乙苯	24.7	24.5	25.5	24.9	1.7	125
六氯丁二烯	23.0	25.3	25.2	24.5	4.3	123
二氯甲烷	26.0	25.7	26.1	25.9	0.7	130[a]
萘	13.8	12.7	11.8	12.8	6.4	63.8[a]
苯乙烯	24.2	23.3	23.3	23.6	1.8	118
1,1,1,2-四氯乙烷	21.4	20.2	21.3	21.0	2.6	105
1,1,2,2-四氯乙烷	18.6	17.8	19.0	18.5	2.7	92.3
四氯乙烯	25.2	24.8	26.4	25.5	2.7	127

续表

待测物	回收量/ng			平均/ng	相对标准偏差/%	回收率/%
	样品 1	样品 2	样品 3			
甲苯	28.6	27.9	30.9	29.1	4.4	146[a]
1,2,4-三氯苯	15.0	14.4	12.9	14.1	6.3	70.5
1,1,1-三氯乙烷	28.1	27.2	29.9	28.4	4.0	142
1,1,2-三氯乙烷	20.8	19.6	21.7	20.7	4.2	104
三氯乙烯	26.3	24.9	26.8	26.0	3.1	130
三氯一氟甲烷	25.9	24.8	26.5	25.7	2.7	129
1,2,3-三氯丙烷	18.8	18.3	19.3	18.8	2.2	94.0
氯乙烯	24.8	23.2	23.9	24.0	2.7	120
间-二甲苯/对-二甲苯	24.3	23.9	25.3	24.5	2.4	123
邻-二甲苯	23.1	22.3	23.4	22.9	2.0	115

a 化合物在未添加田园表土含量>5ng。

2　EPA 5035 密闭式吹扫捕集法检测土壤和废弃物中挥发性有机物

2.1　范围及应用

（1）本方法采用密闭式吹扫捕集法测定固体中的挥发性有机物，包括土壤、底泥和固体废弃物。本方法可用于低浓度样品中挥发性有机物的检测，也提供了高浓度样品和废油样品的采样和制备过程。高浓度样品和废油样品的采样和制备过程按照本方法，样品导入分析仪器则按照 EPA 5030[①]方法水溶液的吹扫捕集步骤。本方法可与任何气相分析方法合并使用，如 EPA 8015 方法、EPA 8021 方法和 EPA 8260 方法，但不仅限于这几种方法。

（2）低浓度土壤检测方法采用密封样品瓶，从采样到分析这段时间均处于密封。由于样品在采样后未暴露于空气中，挥发性有机物在样品运输、处理和分析的损失可以忽略不计。该方法的适用范围取决于测定方法、基体、化合物性质。低浓度样品的检测范围一般为 0.5～200 μg/kg。

（3）检测浓度大于 200 μg/kg 的高浓度样品的前处理过程可参考 EPA 5030[②]方法。

（4）废油样品可用水溶性有机溶剂溶解，处理过程可参考 EPA 5030[③]方法。

（5）本方法适用于沸点低于 200℃及不溶于水和微溶于水的大多数有机物。水溶性挥发性有机物也可使用本方法，但由于吹脱效果不好，检出限（气相色谱或质谱）将可能升高 10 倍。

（6）本方法与 EPA 8015 方法（GC / FID）搭配使用时，可测定总石油碳氢化合物轻油部分的脂肪族化合物，如汽油。对于脂肪族化合物（BTEX），用本方法和 EPA 8021 方法（GC / PID）测定；对于完整的汽油类检测，将 EPA 8021 方法与

① 即 EPA 5035 方法的 1.7 节。
② 即 EPA 5035 方法的 1.7.3 节。
③ 即 EPA 5035 方法的 1.7.4 节。

EPA 8015 方法合并使用。

（7）与任何挥发物的制备方法一样，样品应进行筛选以避免超出低浓度方法校正曲线的高浓度样品污染吹扫捕集系统。此外，为了不影响样品的完整性，密封样品的容器不能打开。因此，应收集多个样品以备筛选和分析。

（8）使用吹扫捕集法测定低浓度样品时，不适宜用甲醇现场保存，可采用 EPA 5030 方法（6.2.2）进行分析。

（9）此方法应在受过训练的分析人员的监督下使用。每个分析人员必须证明使用此方法可产生可接受的结果的能力。

2.2 方法概述

2.2.1 低浓度土壤检测方法

一般适用于挥发性有机物浓度范围为 0.5～200 μg/kg 的土壤和其他固体样品检测。

在采样现场称取约 5 g 样品，立即装入预先称重的、已加入搅拌子及试剂水或硫酸氢钠保存剂的、附密封垫片的螺旋盖式样品瓶中（见 2.4 节），将样品瓶密封后，等待检测。检测时，整个样品瓶不要打开，放于分析仪器的自动进样器上。在进行分析前，向样品瓶中加入无有机物的试剂水、标准样品和内标（若有必要），此过程不要打开瓶盖。将装有样品的样品瓶加热至 40℃，同时从样品瓶底通入惰性气体进行吹气，并将样品瓶放在磁搅拌器上，使采样时置入样品瓶中的搅拌子进行转动搅拌，被吹气出来的成分通过连接管线进入捕集阱中。当吹气完成后，将捕集阱加热，用氦气反吹，使捕集阱上的待测样品成分被脱附出来，导入气相色谱，用合适的方法进行测定。

2.2.2 高浓度土壤检测方法

适用于挥发性有机物浓度大于 200 μg/kg 的土壤和其他固体样品。

在 2.2.1 中所述的样品处理办法不适用于所有样品，尤其是含高浓度（一般指大于 200 μg/kg）的挥发性有机物会超过捕集阱中吸附剂的负荷或超过检测仪器系统（GC / MS、GC / FID、GC / ECD 等）的校正线性浓度范围。此种情况发生时，可采用以下两种样品采集方法，并配合样品吹扫捕集的步骤执行。

（1）第一种方法：采集原始样品，装入样品瓶或其他适当的容器中，但不加 2.2.1 所述的保存剂。在实验室中取一部分样品溶解于水溶性的溶剂中，使其中的挥发性有机物成分溶解出来，取适当的样品溶液，加入装有 5 ml 试剂水的吹扫瓶中，并且将标准样品和内标（若有必要）加入此样品溶液中，根据 EPA 5030 方法进行吹扫捕集，以及采用适当的检测方法进行检测。由于本方法需要将样品瓶打开并从中取出部分样品，此过程中，样品中的挥发性成分可能会损失。

（2）第二种方法：采集约 5 g 样品，装于已称重的、内含 5 ml 水溶性溶剂（如甲醇）的附密封垫片的螺旋盖式样品瓶中（见 2.4 节）。在检测前加入替代物，取出部分溶解样品的溶剂，按照 EPA 5030 方法进行吹扫捕集，以及采用适当的检测方法进行测定分析。

2.2.3　高浓度油状废弃物检测方法

适用于挥发性有机物浓度大于 200 μg/kg 且可被水溶性溶剂稀释的油状废弃物样品的检测。

含油分特别是含大量油分的废弃物样品的分析具高度挑战性，下述方法适用于溶于水溶性溶剂中的样品。

（1）取一小部分样品进行溶解度试验，若能溶于甲醇或聚乙二醇（PEG）中，则另取一份适量样品并添加替代物，再用适当溶剂将其稀释。取适量此溶液，加入内含 5 ml 试剂水的吹扫瓶中，必须注意此吹扫瓶内液面不能有漂浮的油层，加入内标（若有必要），按照 EPA 5030 方法进行吹扫捕集步骤，以及采用适当的检测方法进行测定分析。

（2）若样品中含油状物且不溶于水溶性溶剂，则需根据照 EPA 3585 方法进行制备。

2.3　干扰

（1）吹扫气体不纯及吹扫管入口接头处释放的有机物是造成污染问题的主要原因，必须进行空白分析来确认系统未受污染。在吹扫捕集装置上的各元件须避免使用非聚四氟乙烯表面涂敷、非聚四氟乙烯材质的螺纹密封元件及含橡胶成分的流量控制阀，因其材质会释放有机物，在吹扫过程中一并浓缩至吸附管中，引起测定干扰或误判。

（2）在运输和储存过程中，样品可能因挥发性有机物（尤其是二氯甲烷和氟氯化碳）通过样品瓶盖上的密封垫片渗透而受污染。以不含有机物的试剂水来运输试剂空白，与样品进行相同的采样和处理步骤，以检查此过程产生的污染。

（3）当分析高浓度样品后接着分析低浓度样品时，会产生交叉污染。因此，在测定高浓度样品后，须分析一个试剂空白，以检查是否存在交叉污染。若后一个样品分析结果中发现有前一个高浓度样品中所含的目标待测物时，分析人员须确认后一个分析结果不是由交叉污染造成；反之，样品分析结果并未发现前一个高浓度样品中所含的目标待测物时，则无须进行试剂空白检测。

（4）进行挥发性有机物分析的实验室必须完全杜绝有机溶剂。测定二氯甲烷时必须采取特殊的措施。在分析和样品储存区域需完全隔绝周围环境中的二氯甲烷来源，否则会使分析结果产生背景干扰。由于二氯甲烷会透过聚四氟乙烯管线，所有气相色谱载气管线和吹扫捕集气体管线，必须使用不锈钢管或铜管。检测人员在进行液-液萃取前处理步骤时，若实验服曾暴露于二氯甲烷蒸气中，可能污染样品。当分析挥发性有机物时，实验室内若放置其他有机溶剂，会导致分析时产生背景干扰。

2.4 设备及材料

2.4.1 样品容器

根据使用吹扫捕集装置（见 2.4.2 小节）来决定所需的样品容器，有各种不同的市售商品可供选择。若系统使用内附多孔玻璃的 40 ml 透明样品瓶，并附两面均为聚四氟乙烯材质的硅胶垫片，其他系统也需使用品质较好的玻璃样品容器且容量够大，可盛装至少 5 g 土壤或固体样品，以及至少 10 ml 试剂水，并且该样品容器附聚四氟乙烯材质的硅胶垫片的密封螺旋盖。参照吹扫捕集装置说明书中适当的特定容器、垫片、密封盖及机械搅拌装置的相关说明。

2.4.2 吹扫捕集系统

吹扫捕集系统可自动添加试剂水、标准样品和内标（若有必要）于内含样品的样品瓶中，一边搅拌样品，一边通入惰性气体，将其中的挥发性有机物吹出来，并用吸附管捕集，经过脱附步骤后，导入气相色谱进行检测。符合下列规范的不同品牌的产品均可使用。

2.4.2.1 基本要求

有可盛装 5 g 土壤、底泥样品及一个磁力搅拌子和 10 ml 试剂水的样品瓶，系统能将样品瓶加热至 40℃，并且能在惰性气体通入样品中时，维持在此温度，以便对样品进行有效的吹扫。系统需能导入至少 5 ml 试剂水于样品瓶中，并且可捕集被置换出的顶空气体。系统在吹扫过程中需要对样品进行密封搅拌（如样品采集之前先将磁力搅拌子放入样品瓶中进行磁力搅拌，其他搅拌方式还有超声震荡等）。被吹气出来的目标待测物需全量转置至含吸附剂的吸附管中，此吸附管将所吸附的挥发性有机物导入气相色谱仪中进行检测（见 2.4.2.2 节）。

2.4.2.2 吸附管

本方法可使用各种吸附管及吸附剂，吸附剂的选择须根据目标待测物而定，不论使用何种吸附管，吸附管必须具备足够的吸附和脱附效率，以符合目标待测物的测定下限和 EPA 8000 方法的要求。一般来说，常温常压下为气态的 VOC 吹扫捕集非常困难，尤其是二氯二氟甲烷①。吸附管必须能有效地解吸后流出的目标物②。

注意：当使用其他同级的活性炭吸附管（特别是 Vocarb 4000）时，需检查溴化物的响应值，因有可能需设定较高的解吸温度（尤其是高于 240～250℃）致使化合物分解。2-氯乙基乙烯醚（2-Chloroethyl vinyl ether）会在 Vocarb 4000 上分解，但适合在 Vocarb 3000 上使用。主要原则是必须使所有目标待测物能符合相关规范所需的灵敏度。

（1）本方法使用长 25 cm 的吸附管，内径 0.105 in③，内部填充 Carbopack/Carbosieve 吸附材料。

（2）其他 EPA 吹扫捕集法所使用的吸附管也可使用。这种吸附管长 25 cm，内径至少 0.105 in，从入口填入下列三种等量的吸附剂。长 1.0 cm 的涂有硅甲烷的填充剂（35/60 筛目，等级 15 或同级品），以延长捕集管的使用期限。若无须分析二氯二氟甲烷或其他具有相似挥发性的氟化碳化合物，则不用填充活性炭，而将 2,6-二联苯氧化物聚合物的量增至 2/3；若只分析沸点在 35℃以上的化合物，则硅胶和活性炭均不用填充，整支吸附管只填充聚合物。

---

① 沸点低的化合物不溶剂被吸附管捕集，二氯二氟甲烷的沸点为-29.8℃。
② 保留时间较长的化合物。
③ 1 in≈2.54 cm。

①2,6-二联苯氧化聚合物：60/80 筛目，色谱级（Tenax GC 或同级品）。

②硅甲烷填充剂：OV-1（3%）色谱载体-白色（Chromosorb-W）60/80 筛目，或同级品。

③椰子壳活性炭：使用 Barneby Cheney，CA-580-26，通过 26 筛目或同级品。

（3）除上述吸附剂外，符合 2.4.2.3 规范的其他吸附剂亦可使用。

2.4.2.3 市售脱附设备

适当的脱附设备必须能在脱附气体通入吸附管前，迅速将吸附管加热至吸附剂制造商所建议的温度，有多种市售脱附设备（吹扫捕集装置）可供选择。

2.4.3 注射针和注射针阀

（1）附旋转密合针头的 25 ml 玻璃注射针筒或同级品（根据所需的样品体积大小，可使用其他尺寸）。

（2）附旋转密合接头的二向式注射针阀。

（3）附内径 2 in×0.006 in 的 25 μl 微量注射针筒，22° 斜角针头（Hamilton # 702N 或同级品）。

（4）微量注射针筒：10 μl、100 μl。

（5）注射针筒：0.5 ml、1.0 ml 及 5 ml，附气密式开关阀。

2.4.4 其他设备

（1）样品瓶。①60 ml：附密封垫片，用于采集进行筛选测试及干重测定的样品。②40 ml：附聚四氟乙烯内衬密封垫片螺旋盖，使用前需检查，确认其表面平整均匀，能密封完善。

（2）天平：精确至 0.01 g。

（3）玻璃闪烁计数瓶[①]20 ml，附特氟龙内衬螺旋盖，或者玻璃培养瓶附特氟龙内衬螺旋盖，用于稀释油状废弃物样品。

（4）量瓶：A 级，10 ml，100 ml，具磨砂玻璃塞。

（5）气相色谱仪自动上样小瓶：2 ml 玻璃瓶，用于检测甲醇或聚乙二醇萃取的油状废弃物样品。

① 玻璃闪烁计数瓶，见附录图 1。

（6）不锈钢勺：窄型[①]，能伸入样品瓶中。

（7）可丢弃式巴斯德（Pasteur）吸管[②]。

（8）磁力搅拌子：表面附有聚四氟乙烯或玻璃涂层，适当大小——能置入样品瓶中，特制的搅拌子可咨询制造商意见。充分洗净后，搅拌子可重复使用。清洗程序可咨询清洗装置和搅拌子的制造商。

2.4.5　现场样品采集设备

（1）吹扫捕集土壤样品采样器。

（2）En Core^{TM} 采样器[③]。

（3）其他：外径比样品瓶口小[④]的可抛弃式塑胶针筒。采样前先将针筒尾端去除，一个针筒只能采集一个样品。

（4）便携式天平：供现场采样使用，精确至 0.01 g。

（5）天平校正砝码：现场使用的天平应用适当的砝码进行校正，在称量样品前，每日至少进行一次刻度校正或按照采样计划执行。所使用的砝码重量，根据样品容器、样品、搅拌子、加入的试剂水、瓶盖及垫片等的总重量而定。

2.5　试剂

（1）试剂空白：本方法使用的试剂空白应不包含目标待测物。

（2）甲醇：吹扫捕集级或同级品，与其他溶剂分开存放。

（3）聚乙二醇：低于目标待测物的检出限。

（4）低浓度样品保存剂

①硫酸氢钠：分析纯或同级品。

②保存剂先加入样品瓶中，再带到采样现场。

（5）内标、标准样品的使用参照所选择的检测方法和 EPA 5000 方法。

---

① 窄型不锈钢勺，见附录图 2。

② 玻璃可丢弃式巴斯德吸管，见附录图 3。

③ 包括手柄、套筒，手柄有刻度和方便用力的作用，不同的重量对应不同的卡槽。套筒分为筒身、推杆和密封盖。采样时，将筒身的固定片卡在手柄合适的卡槽内，钻取土壤，待推杆缓慢上升顶到手柄，即采集到所需重量的土壤。从手柄上取下套筒，用推杆将土壤样品推入玻璃样品瓶中。见附录图 4。

④ 外径比样品瓶口小，才能将样品顺利装入样品瓶。见附录图 5。

2.6 样品的采集、保存和处理

本方法中针对低浓度样品在采样之后，样品瓶立即在现场密封并称重，在进行检测前不能打开。因此，采样人员应携带便携式天平（精确至 0.01 g）至采样现场。

2.6.1 样品瓶准备

根据预期样品浓度范围来准备样品瓶，低浓度的样品和高浓度的样品有不同的准备步骤。样品瓶需在实验室的固定区域或在环境可控的区域进行准备，密封运至采样现场。准备样品瓶时，应戴手套。

2.6.1.1 低浓度土壤、底泥样品

以下步骤适用于采集低浓度土壤，并采用 EPA 5035 方法中描述的封闭系统吹扫捕集设备进行土壤样品分析时的样品瓶准备。

（1）在每个洁净样品瓶中加入干净的磁力搅拌子，若吹扫捕集装置（见 2.4.2 节）不使用磁力搅拌器进行样品搅拌（如使用超声或其他方式），则不须加入磁力搅拌子。

（2）在样品瓶运输至采样现场前，先将保存剂加入样品瓶中。每个样品瓶中约加入 1 g 硫酸氢钠，若所采集的样品量明显大于或小于 5 g，则酌量调整保存剂的量，相当于每 1 克样品大约加 0.2 g 保存剂，样品中须保证足够的硫酸氢钠，确保样品 pH≤2。

（3）在每个样品瓶中加入 5 ml 不含有机物的试剂水，水和保存剂会形成酸性溶液，可降低或抑制样品中大部分的生物活性作用，避免样品中目标待测物被生物分解。

（4）用附密封垫片的螺旋盖式密封样品瓶。若使用附多孔性玻璃滤片双口样品瓶，则根据制造厂商建议方式密封两端。

（5）将每个样品瓶贴上标签，以避免在野外粘贴标签的麻烦，确保样品瓶皮重包括标签重量（采样现场在样品标签上所作标记的重量可忽略不计）。

（6）称量准备好的样品瓶，精确至 0.01 g，在标签上记录皮重。

（7）由于样品瓶内水溶液中的挥发性有机物会挥发到顶空空间，当打开样品瓶时会损失，替代物、基体添加标准样品及内标（若有必要）只能在样品加入样

品瓶后才能加入，这些标准样品应在样品送回实验室后、检测前，通过人工用微量注射针穿透垫片的方式加入，或者用仪器的自动注射系统方式加入。

2.6.1.2 高浓度土壤、底泥样品采集，现场不加保存剂

高浓度样品采集而不加保存剂时，各种样品容器均可使用，包括附密封垫片的 60 ml 玻璃瓶（见 2.4.4 节）。

2.6.1.3 高浓度土壤、底泥样品采集，现场加保存剂

以下步骤适用于高浓度土壤样品，在采样现场加入甲醇保存，采用 EPA 5030 方法中描述的水吹扫和捕集设备进行土壤样品分析时的样品瓶准备。

（1）向每个样品瓶中加入 10 ml 甲醇。

（2）用附密封垫片的螺旋盖密封样品瓶。

（3）将每个样品瓶贴上标签，这避免在野外粘贴标签的麻烦，确保样品瓶皮重包括标签重量（采样现场在样品标签上所作标记的重量可忽略不计）。

（4）称量准备好的样品瓶，精确至 0.01 g，在标签上记录皮重。

注意：装甲醇的样品瓶在使用时二次称重，当发现重量损失大于 0.01 g，则说明甲醇损失，不能用于样品采集。

（5）替代物、内标及基体添加标准样品（若有必要）在样品送回实验室后、检测前加入样品。

2.6.1.4 油状废弃物样品

若已知油状废弃物样品溶于甲醇或 PEG，按 2.6.1.3 节加入合适的溶剂进行样品瓶的准备。若不知废弃物样品的溶解状况，采样时不要加保存剂，按 2.6.1.2 节进行准备。

2.6.2 样品采集

按照采样计划中列出的程序采集样品。采集挥发性有机物样品必须小心，尽量避免搅动样品，以减少挥发性有机物的损失。有几种技术可用来将样品转移到窄口样品瓶中，例如，使用 En Core^{TM} 采样器、吹扫捕集土壤采样器 ^{TM} 及切口塑胶针筒等。处理已预先称重的样品瓶时，必须戴手套。

2.6.2.1　低浓度土壤、底泥样品

（1）用适当的采样器采集约 5 g 样品，采样时动作要快速，使采集的样品在大气中暴露的时间尽量短，一般最多只能暴露几分钟。再用干净的布或纸巾小心擦拭采样器外部。

（2）使用采样器将约 5 g（2～3 cm）土壤、底泥样品装入内含保存剂的样品瓶中，快速将瓶口外螺旋纹上沾黏的土壤刷掉，并且立即用附密封垫片的螺旋盖密封样品瓶，4℃保存。

注意：在低浓度样品采集时，含碳酸矿物质的土壤样品（无论是自然来源或制程产物）与酸性保存剂接触会产生气泡。若产生少量气泡（如几毫升），样品瓶快速密封，则挥发性有机物损失很少；若产生大量气泡，则不仅样品中的目标待测物会大量损失，并且大量气体所形成的压力会将密封的样品瓶胀破。因此，若已知或估计样品可能含有大量碳酸盐类时，须采集一个试验样品，装入样品瓶中，检查是否会产生气泡。若产生快速或剧烈反应，则废弃此样品，另采集样品于不含保存剂的低浓度样品瓶中。

（3）若可行，使用携带式天平称量内含样品的密封样品瓶，以确保样品重量在（5.0±0.5）g。天平应在采样现场用与样品容器总重量相近的砝码（见 2.4.5.5 节）进行校正。记录内含样品的密封样品瓶重量，精确至 0.01 g。

（4）或者使用切口的塑胶针筒采集几个长度的样品，称量每个样品，并测量针筒腔塞中圆柱状样品的长度，确定（5.0±0.5）g 样品重量所对应的针筒长度[①]，弃去试验样品。

（5）至少应采集 2 个重复样品，可供实验室进行重复检测。2 个重复样品应采自相同的土壤层或相同部分的固体废弃物，采样点应尽量接近。

（6）另外，样品瓶一经打开即会影响样品的完整性。因此，至少需再多采集一份重复样品，用于样品筛选、干重测定和高浓度样品检测（若有需要）。此第三个重复样品可用附密封垫片的 60 ml 或 40 ml 玻璃瓶采集。由于第三个样品瓶中一部分样品需用来进行干重测定，所以不能加入保存剂。若高浓度样品采集于内含甲醇的样品瓶中，则需另外再多采集 2 个重复样品，其中一个含甲醇的样品用于测定高浓度样品，另一个不含甲醇或低浓度水溶性保存剂的样品用于干重测定。

---

① 商品化的采样器已经标有刻度，见附注 19。

（7）若样品浓度已知或估计所含目标物的浓度范围极广，建议再多采集一个1～2 g 样品于内含保存剂的样品瓶中，以免 2.6.2.1（1）节中采集的 5 g 样品导致目标待测物超出仪器校正范围。

（8）目前尚未完整评估 En Core™ 采样器作为样品储存设备①的适用性，前期实验结果显示储存于 En Core™ 采样器中的样品保存有效期为 48 h，采集于 En Core™ 采样器中的样品应尽快转移到样品瓶中，或在 48 h 内分析完毕。

（9）低浓度土壤样品装入含甲醇的样品瓶中，则不适合用封闭型吹扫捕集方法（见 2.6.2.2 节）中描述的设备进行分析②。

2.6.2.2 高浓度土壤样品在现场保存

有些方法建议将采集的土壤样品装入内含甲醇的样品瓶中，甲醇既可当保存剂又可当萃取剂，但不适用于本方法中的低浓度土壤样品制备。

注意：使用甲醇保存剂尚未最终经方法评估过，警惕两个潜在问题。第一，使用甲醇作为保存剂和萃取剂，会极大稀释样品，导致浓度低于吹扫捕集法检出限（0.5～200 μg/kg）。萃取稀释比应根据溶剂质量和样品质量而定，一般来说，稀释因子超过 1000 时，难以证明一些待测物是否符合规范。因目标待测物具挥发性，甲醇萃取液无法浓缩，无法克服稀释的问题。若样品中的成分未知，可能需要采集 2 个重复样品，一个进行本方法的密闭式吹扫捕集法检测，而将另一个重复样品保存于甲醇中，再使用其他方法进行检测。第二，样品中加入甲醇，会使样品具有不可燃性的特性，使得未使用的样品成为有害废弃物。

（1）若已知样品中含高浓度的挥发性有机物，经稀释后，样品检测结果会落在方法中的校正范围时，则样品在采集后，可立即装入内含甲醇的样品瓶中。

（2）用适当的采样器采集约 5 g 样品，采样后迅速装样，使采集的表土或其他固体样品在大气中暴露的时间尽量短，一般最多只能暴露几分钟。用干净的布或纸巾小心擦拭采样器外部。

（3）使用采样器将 1～5 g 土壤样品装入内含 10 ml 甲醇的样品瓶中，快速将瓶口外螺旋纹上沾黏的土壤刷掉，并立即用附密封垫片的螺旋盖密封样品瓶，在（4±2）℃下保存。

（4）若可行，用便携式天平称量内含样品的密封样品瓶，以确保样品为 1～

① 推杆和密封盖可以对土壤进行封存，建议外部包覆一层锡纸，也可用有机专用封口胶封口。
② 由于浓度估计不当而将低浓度样品装入含甲醇的样品瓶中。

5 g，天平应于采样现场用与样品容器重量相近的砝码进行校正。记录内含样品的密封样品瓶重量，精确至 0.01 g。

（5）或使用切口的塑胶针筒采集几个长度的样品，称量每个样品，并测量针筒腔塞中圆柱状样品的长度，确定 1～5 g 样品重量所对应的针筒长度。将试验样品丢弃。

（6）根据样品情况确定样品量和甲醇体积，检测员需证明全程检测程序中的样品保存和管理符合检测需求。

（7）如 2.6.2.1（6）节所述，需多采集一个样品用于测定干重，样品若采集于甲醇溶剂中，则运输时需根据 2.6.3 节采样与保存规定进行，并需标示内含甲醇，提醒检测人员不能放入本方法所述的密闭式吹扫捕集系统进行检测。

2.6.2.3　高浓度土壤样品不现场保存

现场不进行保存的高浓度土壤、底泥样品的采集，步骤同 2.6.2.1 节和 2.6.2.2 节，只是样品瓶中不含甲醇及任何液体保存剂。若在采样现场不保存，最好采集较多量的样品，尽量充满样品瓶，使瓶顶空空间尽量小。此种样品采集方式，一般不须针对干重测定另行采集样品，但最好另外采集一个样品供筛选用，以免样品中的挥发性有机物成分损失。

2.6.2.4　油状废弃物样品

油状废弃物样品的采集方式，根据其溶解于甲醇或其他溶剂的情况而定。

（1）若已知油状废弃物样品溶于甲醇或 PEG 溶剂中，则样品可采集于内含此种溶剂（见 2.6.1.4 节）的样品瓶中，并按照 2.6.2.2 节采集样品。

（2）若不知道油状废弃物样品的溶解度，样品可采集于不含保存剂的样品瓶中（见 2.6.2.3 节）；或在采样现场将试验样品放入含有溶剂的样品瓶中，进行样品溶解度测试，若试验样品溶于溶剂中，则按照 2.6.2.2 节采集油状废弃物样品，否则，应按照 2.6.2.3 节不加保存剂采集样品。

2.6.3　样品处理及运输

所有挥发性有机物的样品，须按照采样计划于约 4℃的环境中冷藏，放置在用冰块保持低温之适当的运输容器中，运输至实验室。

2.6.4　样品储存

（1）样品到达实验室后需保存于约 4℃的环境中直至分析，并且样品保存区域不含有机溶剂蒸气。

（2）所有样品需在有效期限内，尽早完成分析，若在有效期限之外分析的样品，必须特别注明，其结果应该作为最低参考含量[①]。

（3）当低浓度样品具强碱性或含高石灰质，则硫酸氢钠保存剂可能不足以将土壤/水溶液的 pH 调整到 2 以下，因此，若已知或估计低浓度土壤样品具强碱性或含高石灰质，保存样品需要增加额外的步骤，如加入大量硫酸氢钠保存剂于非石灰质样品中，将样品保存于-10℃（需注意不能将样品瓶装太满，以免瓶中液体膨胀将样品瓶胀破）或大大缩短低浓度土壤样品的最长保存期限等。无论使用何种步骤，都必须在采样和质控计划中作清楚的叙述，分发给现场和实验室相关人员，见 2.6.2.1（2）节注意事项。

2.7　步骤

本节叙述样品筛选过程，低浓度土壤样品、高浓度土壤样品及油状废弃物样品的制备和萃取方法。高浓度土壤样品按照 EPA 5030 方法导入气相色谱系统进行测定。油状废弃物样品若溶于水溶性溶剂中时，则按照 EPA 5030 方法导入气相色谱系统进行测定；若不溶于水溶性的溶剂中时，则按照 EPA 3585 方法进行测定。

2.7.1　样品筛选

（1）所有样品在进行吹扫捕集/气相色谱仪或气相色谱-质谱仪分析前，强烈推荐先进行筛选步骤。样品中可能含高浓度的有机物，导入吹扫捕集系统后，可能造成严重污染，必须彻底清洗系统并进行仪器维护。样品筛选结果数据用于为特定样品选择合适的前处理程序，低浓度样品采用密闭式直接吹扫捕集法（见 2.7.2 节），高浓度样品采用甲醇萃取法（见 2.7.3 节），非水溶液（油状废弃物样品）采用甲醇或 PEG 稀释法（见 2.7.4 节）。

---

① 挥发性有机物容易因挥发而损失，原文认为这种情况下测出的结果应该被认为是可能的最小值，这是在样品保存区域必须不含有机溶剂蒸气的前提下才成立；如果存在外界污染，有可能测定结果就不是最低含量。

（2）检测人员可使用任何适当的筛选技术，SW-846 中的两个推荐筛选技术为：①自动顶空（EPA 5021 方法）连气相色谱仪/光离子化检测器（PID）和电解导电感应检测器（HECD）进行筛选分析；②以十六烷萃取样品（EPA 3820 方法），再用 GC / FID 或 GC / ECD 分析萃取液。

（3）分析人员在进行标准样品分析时，其浓度相当于低浓度检测方法校正范围的最高浓度，用此标准样品结果来决定筛选样品的分析是否接近低浓度土壤检测方法的校正浓度范围的最高浓度。若无法得到线性关系或此标准样品分析结果，须符合其他的规范，可使用其他的方法来预估样品的浓度。

（4）若由筛选步骤结果得到样品的预估浓度落在检测方法的检量线浓度范围内时，则采用低浓度密闭式直接吹扫捕集方法（见 2.7.2 节）；若样品的估算浓度超出低浓度土壤样品线性浓度范围时，则采用高浓度土壤样品分析方法（见 2.7.3 节），或采用油状废弃物样品分析方法（见 2.7.4 节）。

2.7.2 低浓度土壤检测方法

浓度范围约为 0.5～200 μg/kg，浓度范围取决于检测方法及待测物的灵敏度。

2.7.2.1 起始校正

先对气相色谱仪或气相色谱-质谱仪进行校正，才能进行样品分析，校正方法参照 EPA 5000 方法。通常，气相色谱法（非质谱）优先选择外标法，因内标校正可能会干扰测定。若根据以往检测的经验得知，不存在内标干扰问题或使用气相色谱-质谱仪法，则可使用内标准样品校正。

（1）组装符合 2.4.2 节要求的吹扫捕集装置，并连接至气相色谱仪或气相色谱-质谱仪系统。

（2）初次使用前，将 Carbopack/Carbosieve 吸附管于 245℃下烘烤过夜，并保持流量至少为 20 ml/min 的惰性气体逆吹洗；若使用其他等效于 Carbopack/Carbosieve 吸附材料，则根据制造商建议的方法进行烘烤。将吸附管出口气体排至通风罩中，不要排放到分析柱内。每天使用前，需将吸附管于 245℃温度及惰性气体逆吹洗状况下烘烤 10 min。每天进行吸附管净化时，吸附管出口气体可导入分析柱，但在进行样品分析前，需进行与样品相同升温程式的空白分析。

（3）若使用 2.4.2.2（2）节中的标准吸附管，初次使用前，将吸附管于 180℃下烘烤过夜，并保持流量至少为 20 ml/min 的惰性气体逆吹洗；或根据制造商的建议方法进行烘烤。将吸附管出口气体排至通风罩中，不要排放到分析柱内。每天使用前，需将吸附管于180℃及惰性气体逆吹洗状况下烘烤10 min。每天进行吸附管净化时，吸附管出口气体可导入分析柱，但在进行样品分析前，须进行与样品相同升温程式的空白分析。

（4）设置吹扫捕集仪器操作条件，向仪器中注入5 ml试剂水，将样品加热至40℃并持续维持1.5 min，再进行吹扫程序或根据仪器制造商的建议进行。

（5）根据EPA 8000方法或仪器制造商所给说明配制至少5种浓度的包含所有目标物和替代物的标准溶液，用不含有机物的试剂水配制校正标准样品。用于配制校正标准样品的不含有机物的试剂水的体积，必须与样品分析时所加入的试剂水的体积相同（一般在采样出发前，先加入5 ml于样品瓶中，再加上检测时仪器所加入的试剂水）。起始校正标准溶液中均包含与样品中大约相同量的硫酸氢钠保存剂（约 1 g），以抵消保存剂对吹扫效率的影响。内标必须用仪器自动注射，校正标准样品与样品需以相同的方式加入。将内含溶液的土壤样品瓶放置于仪器的自动进样转盘上。为了利用 5 种不同浓度校正标准样品内的替代物进行校正，不使用仪器的自动注射添加替代物于内含校正标准样品的样品瓶中（参见仪器说明书）。进行吹气前，将样品瓶加热至40℃并持续1.5 min或者根据制造商的建议进行操作。

（6）按照2.7.2.3～2.7.2.5节进行吹扫捕集步骤。

（7）按照EPA 8000方法计算每个目标待测物的校正因子（calibration factors，CF）或响应因子（response factors，RF），计算每个待测物的平均校正因子（外标校正法）或平均响应因子（内标校正法）。按照EPA 8000方法和特定的校正方式，评估校正数据的线性关系或选择其他标线模式①。

（8）使用气相色谱质谱分析时，在做校正曲线之前，必须先进行系统功能测试（见EPA 8260方法）。若根据EPA 8021方法进行吹扫捕集步骤时，需评估下列4种化合物的响应：氯甲烷、1,1-二氯乙烷、溴仿及1,1,2,2-四氯乙烷，用于检查吹扫气体流量是否合适，检查是否因管线的污染或系统中含有活性点而导致化合物的降解。

①氯甲烷是吹扫气体流量太大时，最易损失的化合物。

②溴仿是吹扫气体流量太小时，吹扫效率极低的化合物之一。管线中有冷点及/或活性点时，会使响应降低。

① 其他标线模式指非线性模式。

③四氯乙烷和 1,1-二氯乙烷在吹扫捕集系统中的管线受到污染及/或吸附材料上有活性点时产生降解。

（9）根据 EPA 8021 方法，分析保留时间长的化合物（如六氯丁二烯、1,2,3-三氯苯等），当分析高浓度样品或者标准样品时，常会发生交叉污染和记忆效应，因此，在每次分析样品后清洗系统，则可改善此问题。新型的吹扫捕集系统在吹扫捕集步骤后，会自动进行烘烤程序，也可改善此问题，而且活性炭吸附管吸湿性较低，可减少此种问题的发生。

2.7.2.2 标准曲线确认[①]

标准曲线确认详见 EPA 8000 方法。取检出线浓度范围的中间浓度点，此标准样品中也包含约 1 g 的硫酸氢钠。

2.7.2.3 样品的吹扫捕集

本方法设计样品量为 5 g，但也可使用更少的样品量；若需使用较大样品量时，为避免阻塞吹扫装置，请参见仪器说明书。土壤样品瓶在采样现场需立即密封，并且保持密封状态以确保样品的完整性。由于样品瓶已预先称过皮重，所以在拿取样品瓶时，必须戴手套。若有土壤沾到样品瓶或盖子外面时，必须小心清除干净后再称重。即使在采样现场已称过重的样品，在分析前，仍需重新称量样品瓶及内容物总重量，精确至 0.01 g 并记录重量值。第二次称量是为了检查现场样品采集过程的正确性，以及再次确认样品重量的正确性。若样品在现场与在实验室内所秤之重有显著差异时，应注明，若使用数据，应谨慎评估。

（1）将样品瓶从冷藏箱中取出，平衡至室温，轻摇样品瓶，确定瓶中内容物呈流动状，可有效地搅拌，根据制造商说明书将样品瓶放于自动进样器转盘中。

（2）不用旋开瓶盖，利用自动进样装置，将 5 ml 不含有机物的试剂水、内标和替代物加入一直维持在密封状态的样品瓶中。亦可加入不同体积的不含有机物的试剂水，但所有样品、试剂空白、校正标准样品在加入不含有机物的试剂水后，其最终体积必须一致。进行吹扫前，将样品瓶加热至 40℃，并保持 1.5 min，或者根据仪器说明书进行操作。

（3）被测样品若需要添加基体标准样品，根据 EPA 5000 方法中 5.0 所述或仪器说明书，人工或自动加入基体标准样品。基体标准样品浓度及加入量请参照

① 即常说的连续校准。

EPA 8000 方法。

（4）将氦气或其他惰性气体以 40 ml/min（根据目标物组分，可设定在 20～40 ml/min）的吹气流量进行样品吹扫 11 min，同时以磁力搅拌子或其他机械方式搅拌样品，被吹洗出来的待测物经硅烷化管线导入填充适当吸附物质的吸附管中。

2.7.2.4 样品解吸

（1）非冷冻界面系统：吹气 11 min 后，将吹扫捕集系统转到解吸模式，并在无解吸气体流入状态，将吸附管预加热至 245℃，然后通入流量为 10 ml/min 的解吸气体，持续约 4 min（EPA 8015 方法一般只需 1.5 min），运行气相色谱仪的升温程序，并开始收集数据。

（2）冷冻界面系统：吹气 11 min，将吹扫捕集系统转到解吸模式，确定冷冻界面系统是在−150℃或更低的温度，接着将吸附管快速加热至 245℃，同时以流量为 4 ml/min 的惰性气体逆吹洗，持续 5 min（EPA 8015 方法一般只需 1.5 min）。在完成 5 min 解吸步骤后，立即将冷冻的吸附管加热至 250℃，打开气相色谱仪的升温程序，并开始收集数据。

2.7.2.5 吸附管的重新调整

样品解吸 4 min 后，将吹扫捕集系统转到吹气模式，温度维持在 245℃（或根据吸附管中填充物质，制造商建议的其他温度），约 10 min 后，将吸附管的加热器关闭，并停止吹扫气流通过吸附管，当吸附管冷却后，进行下一个样品的分析。

2.7.2.6 数据评估

根据测定方法和 EPA 8000 方法进行结果的定性及定量评估，若样品中任一目标物的浓度超出仪器标准曲线校正范围，则需以高浓度样品检测方法重新检测该样品。重新执行检测时，只需针对浓度超出低浓度检测方法的校正浓度范围的待测物进行检测；或者，若采样时，同时采集一个 1～2 g 的样品[见 2.6.2.1（7）节]，则使用此较少量的样品进行检测，而不用 5 g 样品。若检测报告需附样品干重，根据 2.7.5 节进行测定。

2.7.3 浓度高于200 μg/kg的土壤样品检测方法

土壤样品的高浓度方法基于溶剂萃取土壤，样品无论萃取还是稀释，取决于样品在水溶性溶剂中的溶解度。取一部分样品萃取液，加入内含替代物、内标、标准样品（若有必要）的不含有机物的试剂水中，根据 EPA 5030 方法进行吹扫步骤，再根据适当的方法进行分析。不溶于甲醇的废弃物样品（如油品和焦炭废弃物）则用十六烷进行稀释[见 2.7.3（8）节]。

样品的制备步骤根据采样时是否在样品中加入保存剂而定，若在采样现场未在样品中加入保存剂①，则从下述 2.7.3 节步骤（1）开始进行样品的制备；若采样现场在样品中加入保存剂，则从下述 2.7.3 节步骤（4）开始进行样品的制备。

（1）当高浓度样品未在采样现场加入保存剂，样品需充满整个样品瓶，不要漏失上清液。保证样品处于密闭状态，将其中的内容物以振荡或其他机械方式混合均匀，若振荡方式不可行，则以最快的速度打开样品瓶，用窄的金属药勺将容器内的样品混合均匀，并立即将样品瓶重新密封。

（2）若样品来源未知应先进行溶解度试验。从样品瓶中取出几克样品，并快速将样品瓶密封起来。在几个试管或其他适当的容器中，各加入 1 g 样品，在第一个试管中加入 10 ml 甲醇，在第二个试管中加入 10 ml PEG，在第三个试管中加入 10 ml 十六烷，摇晃每个试管中的样品，观察其是否溶于溶剂中，一旦溶解度评估后，将试验后溶液丢弃。若样品溶于甲醇或 PEG 中，则根据 2.7.3 节步骤（3）执行；若样品只溶于十六烷中，则根据 2.7.3 节步骤（8）执行。

（3）对于溶于甲醇的土壤和固体废弃物样品，将 9.0 ml 甲醇和 1.0 ml 替代物快速添加到已去皮的 20 ml 瓶内，再称量 5 g（湿重）样品于此瓶中，迅速盖紧瓶盖，并再称量此样品瓶，记录样品瓶总重，精确至 0.1 g，摇晃样品瓶 2 min。若样品不溶于甲醇但溶于 PEG 中，根据上述相同步骤执行，只是需以 9.0 ml PEG 取代甲醇，再继续 2.7.3 节步骤（5）。

注意：2.7.3 节中步骤（1）～步骤（3）动作需快速且不中断，以避免挥发性有机物的损失，需在不含有机溶剂蒸气的实验室内进行。

（4）对于采集土壤和固体废弃物样品时立即加入甲醇或 PEG 的样品（见 2.6.2.2 节），则再秤量此样品瓶精确至 0.1 g，以确认现场测量的样品瓶的总重，以注射针穿透样品瓶盖上的密封垫片将替代物加入样品瓶中，如前所述，摇晃样品瓶 2 min，再继续 2.7.3 节步骤（5）。

（5）用可丢弃式巴斯德吸管吸取约 1 ml 的 2.7.3 节步骤（3）或 2.7.3 节步骤（4）所制备的萃取液至气相色谱仪样品瓶中，密封，丢弃其余萃取液。另取约

① 高浓度样品的保存剂是指甲醇、PEG 或十六烷。

1 ml 样品萃取时所用的甲醇或 PEG，装入气相色谱仪样品瓶中，作为该批次样品的试剂。

（6）萃取液在进行分析前在（4±2）℃避光保存，取适量的萃取液（见附表 1）加入于 5 ml 不含有机物的试剂水中，再根据 EPA 5030 方法及适当的检测方法进行检测。根据 EPA 5030 方法中 7.0 步骤进行高浓度样品检测。

（7）若检测结果需以样品干重计，则在完成样品萃取，并将萃取液转移至气相色谱仪样品瓶中密封之后，另取一份样品根据 2.7.5 节进行干重测定。

（8）对不溶于甲醇或 PEG 溶剂的固体样品（如主要含有油品或焦炭废弃物的样品），则根据 EPA 3585 方法 7.0 步骤，以十六烷进行稀释或萃取。

2.7.4　高浓度油状废弃物样品检测方法

油状废弃物样品用甲醇或 PEG 进行稀释，必须注意避免将浮在液面上的油层导入仪器中，取适量已稀释的样品加入 5 ml 不含有机物的试剂水中，根据 EPA 5030 方法进行吹扫捕集，并用适当的检测方法进行检测。

对不溶于甲醇或 PEG 溶剂的油状废弃样品（如主要含有油品或焦炭废弃物的样品），则根据 EPA 3585 方法，以十六烷进行稀释或萃取。

样品的制备步骤根据采样时是否在采样现场加入保存剂而定，若在采样现场未向样品中加入保存剂，则从 2.7.4 节步骤（1）开始进行样品的制备；若在采样现场向样品中加入甲醇保存剂，则从 2.7.4 节步骤（3）开始进行样品的制备。

（1）样品未在采样现场加入保存剂，并且溶于甲醇或 PEG，称取 1 g（湿重）样品于已去皮的 10 ml 量瓶（或闪烁计数瓶或培养管）内。若使用闪烁计数瓶或培养管替代量瓶，在使用前必须先校正，校正步骤必须在打开样品瓶，进行称量样品前完成。

①容器校正时，移取 10.0 ml 甲醇或 PEG 到量瓶或培养管内，在液面凹处作记号。

②丢弃此溶液[①]，进行 1 g 样品称重。

（2）在量瓶、闪烁计数瓶或培养管内快速加入 1.0 ml 替代物，并以适当溶剂（甲醇或 PEG）稀释至 10.0 ml，摇晃此容器，使内容物混合，剧烈振荡 2 min。

（3）若采样时样品瓶中已含甲醇或 PEG 溶液，则再称量此样品瓶精确至

① 编者认为没有必要全部弃去，否则浪费溶剂且污染环境。仅需弃去约 2ml，再按 2.7.4 节步骤（1）②加入约 1 g 样品，最后按 2.7.4 节步骤（2）用少量甲醇或 PEG 定容至 10ml 即可。

0.1 g，以确认现场测量样品瓶的总重，以注射针穿透样品瓶盖上的密封垫片将替代物加入样品瓶中，摇晃样品瓶，使内容物混合，剧烈振荡 2 min，根据 2.7.4 节步骤（4）进行。

（4）不论样品是何种采集方式，目标待测物和大部分的油状废弃物（如有些油状物可能仍浮在液面上）一同被萃取到萃取剂中，若有油状物浮在液面上，则使用可丢弃式巴斯德吸管吸取 1～2 ml 甲醇萃取剂转移至干净的气相色谱仪样品瓶中，必须小心不要将油转移到样品瓶内①。

（5）取 10～50 μl 甲醇萃取液加入 5 ml 不含有机物的试剂水中，根据 EPA 5030 方法进行吹扫捕集检测。

（6）取 10～50 μl 甲醇中的基体标准液体，加入到 1 g 的油状废弃物样品中，以制备基体标准样品。摇晃样品瓶，使基体标准液体均匀地分散在油状废弃物样品中，然后加入 10 ml 萃取剂，根据 2.7.4 节步骤（2）～步骤（5）进行萃取及检测。根据 EPA 8000 方法，计算添加标准样品的回收率，若回收率不在可接受范围，则另根据 EPA 3585 方法中 7.0 节，用十六烷稀释。

2.7.5　样品干重百分比测定

若检测结果报告需以样品干重计，则需进行样品干重测定。

注意：只有在样品已经检测且不需要再从 60ml 的样品瓶中取样作为高浓度测定之后，才能用于干重测定，以减少样品中挥发性有机物的损失，并且避免样品被实验室的环境污染。干重测定样品没有样品有效期限的限制，因此，只要样品一直维持密封并在适当保存状态，在样品结果报告前任何时间完成干重测定都可以。

（1）从 60 ml VOA 样品瓶中取 5～10 g 样品，放入干锅内称重。

（2）将样品于 105℃烘烤过夜，在干燥器内冷却后，称重。根据下式计算样品干重百分比：

$$\text{干重百分比（\%）}=\frac{\text{干样重量}}{\text{样品总重量}}\times 100\%$$

注意：用于干燥的烘箱需放在抽风柜中或抽气设备中，严重的实验室污染可能源于重度污染的有害废弃物样品。

---

① 在此不要将油状样品转移到气相色谱仪样品瓶中，因为废油中的目标物大部分转移到萃取剂中，可通过 2.7.4 节步骤（6）基体加标来验证目标物的转移效果。

2.8 质量控制

（1）参考第一章具体的质量控制程序和 EPA 5000 方法的样品制备及样品准备质量控制程序。

（2）在进行样品分析之前，检测人员必须对不含有机物的试剂水进行空白分析，以确认所有玻璃器皿和试剂无干扰。进行每批次样品萃取或使用新试剂时，必须进行空白分析，以确认实验室内例行干扰不存在。试剂空白必须进行所有的样品制备及检测步骤。

（3）绩效评估：每一实验室在使用本方法之前，必须进行样品制备及检测方法的绩效评估，进行各目标待测物在洁净的参考基体中的分析，检测数据的精密度及准确度必须在可接受范围。当进行新进人员训练或仪器有重大改变时，实验室需重复进行下列步骤，参见 EPA 5000 方法中 8.0 步骤及 EPA 8000 方法的内容。

（4）样品制备和检测质量控制：依照 EPA 5000 方法中 8.0 步骤及 EPA 8000 方法，针对每批次样品进行方法空白分析、基体加标/基体加标平行或基体加标/平行样品分析、实验室控制样品和每个样品的替代物加标及 QC 样品，其结果须在可接受范围。

（5）建议实验室使用本方法时，可采用额外较多的质量保证措施，针对实验室需求及样品特性，建立最佳的特定质量保证措施。若可能，实验室应分析标准参考物质并参加相关的绩效评估研究。

2.9 精密度与准确度

（1）单一实验室的精密度和准确度数据通过使用本检测方法测定三种土壤基体而得到：沙质土，危险填埋区域表层以下 10 尺的土壤（称作风化层/母质层）及花园表土。每个样品添加浓度为 20 ng/5 g，即 4 μg/kg，详细数据可在 EPA 8260 方法的表格中找到。

（2）以甲醇为萃取剂进行油状液体样品萃取的精密度和准确度结果详见 EPA 8260 方法，根据 7.4 中描述，将标准物质添加到 3 个重复的油状液体废弃物样品（采自废弃物样品现场）中，文中列出了各种来源的油状废弃物样品的最低回收率。

参考文献

Bellar，T.，“Measurement of Volatile Organic Compounds in Soils Using ModifiedPurge-and-Trap and Capillary Gas Chromatography/Mass Spectrometry”，U.S. EnvironmentalProtection Agency，Environmental Monitoring Systems Laboratory，Cincinnati，OH，November1991.

Siegrist，R. L.，Jenssen，P. D.，“Evaluation of Sampling Method Effects on Volatile OrganicCompound Measurements in Contaminated Soils”，Envir Sci Technol，1990；24；1387-1392.

Hewitt，A. D.，Jenkins，T. F.，Grant，C. L.，“Collection，Handling and Storage: Keys toImproved Data Quality for Volatile Organic Compounds in Soil”，Am Environ Lab，1995；7(1)；25-28.

Liikala，T. L.，Olsen，K. B.，Teel，S. S.，Lanigan，D. C.，“Volatile Organic Compounds：Comparison of Two Sample Collection and Preservation Methods”，Envir Sci Technol，1996；30；3441-3447.

Lewis，T. E.，Crockett，A. B.，Siegrist，R. L.，Zarrabi，K.，“Soil Sampling and Analysis for Volatile Organic Compounds”，Envir Monitoring & Assessment，1994；30；213-246.

Hewitt，A. D.，“Enhanced Preservation of Volatile Organic Compounds in Soil with Sodium Bisulfate”，SR95-26，U. S. Army Cold Regions Research and Engineering Laboratory，Hanover，NH.

Hewitt，A. D.，Lukash，N. J. E.，“Sampling for In-Vial Analysis of Volatile Organic Compoundsin Soil”，Am Environ Lab，1996；Aug；15-19.

Hewitt，A. D.，Miyares，P. H.，Sletten，R. S.，“Determination of Two Chlorinated Volatile Organic Compounds in Soil by Headspace Gas Chromatography and Purge-and-Trap Gas Chromatography/Mass Spectrometry”，Hydrocarbon Contaminated Soils，1993；3；135-145，Chelsea，MI，Lewis Publishers.

Hewitt，A. D.，“Methods of Preparing Soil Samples for Headspace Analysis of Volatile Organic Compounds：Emphasis on Salting Out”，12th Annual Waste Testing and Quality Assurance Symposium，Washington，DC，1996；322-329.

Hewitt，A. D.，Miyares，P. H.，Leggett，D. C.，Jenkins，T. F.，“Comparison of Analytical Methods for Determination of Volatile Organic Compounds”，Envir Sci Tech，1992；26；1932-1938.

附表

附表 1　高浓度土壤 / 沉积物样品检测时甲醇萃取液所需体积

估计浓度范围/(μg/kg)	甲醇萃取液体积 [a]/μl
500～10 000	100
1 000～20 000	50
5 000～100 000	10

续表

估计浓度范围/(μg/kg)	甲醇萃取液体积[a]/μl
25 000～500 000	100 μl 的 1/50 稀释液[b]

注：浓度超过本表所示范围时，计算适当的稀释倍数。

a 进行吹气步骤的 5 ml 水中的甲醇萃取剂体积必须保持固定，因此，无论需加入到 5 ml 注射针筒中的甲醇萃取剂体积为多少，最后加入的溶液总体积必须一律为 100 μl。

b 取一定体积的甲醇萃取剂稀释后，再取 100 μl 进行分析①。

附图

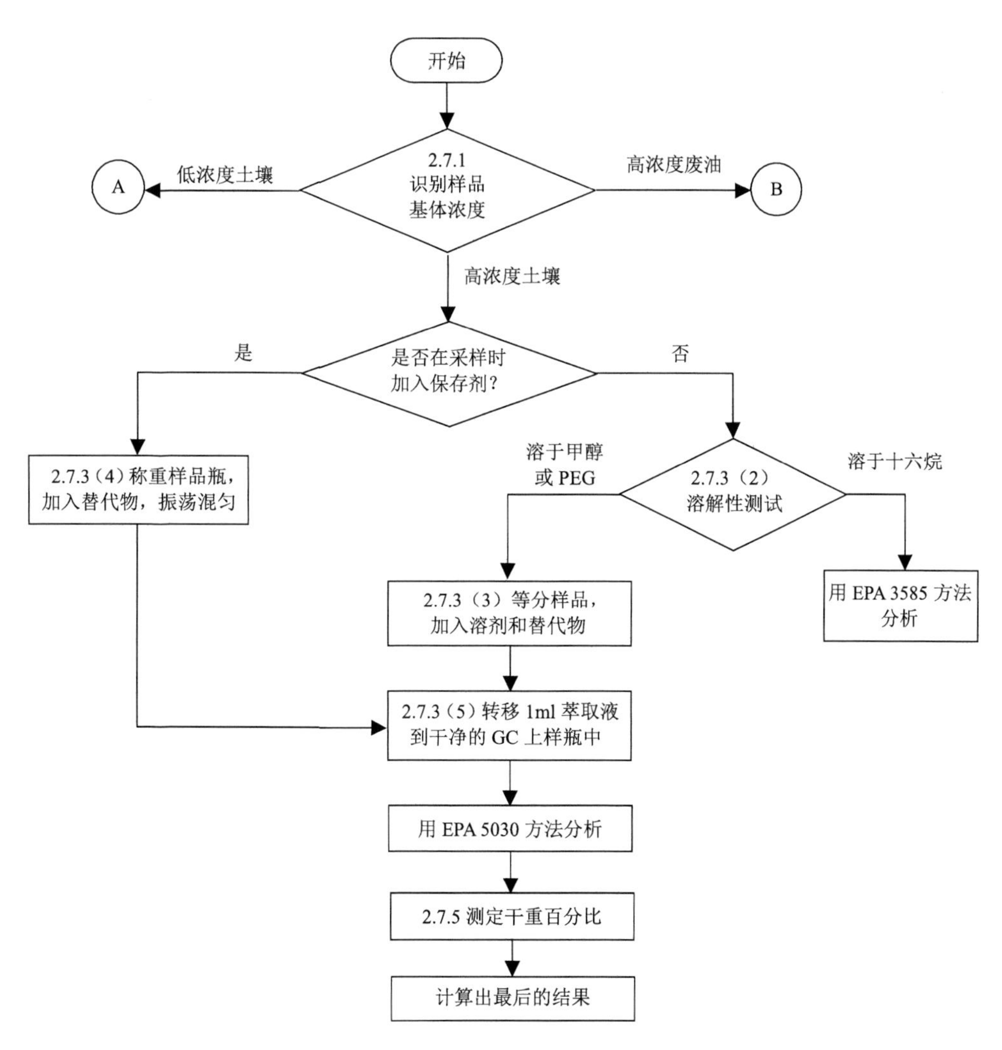

附图 1 密闭式吹扫捕集法处理土壤和固体废物中挥发性有机物流程图

① 甲醇萃取剂稀释 50 倍后，再取 100 μl 加入水中。

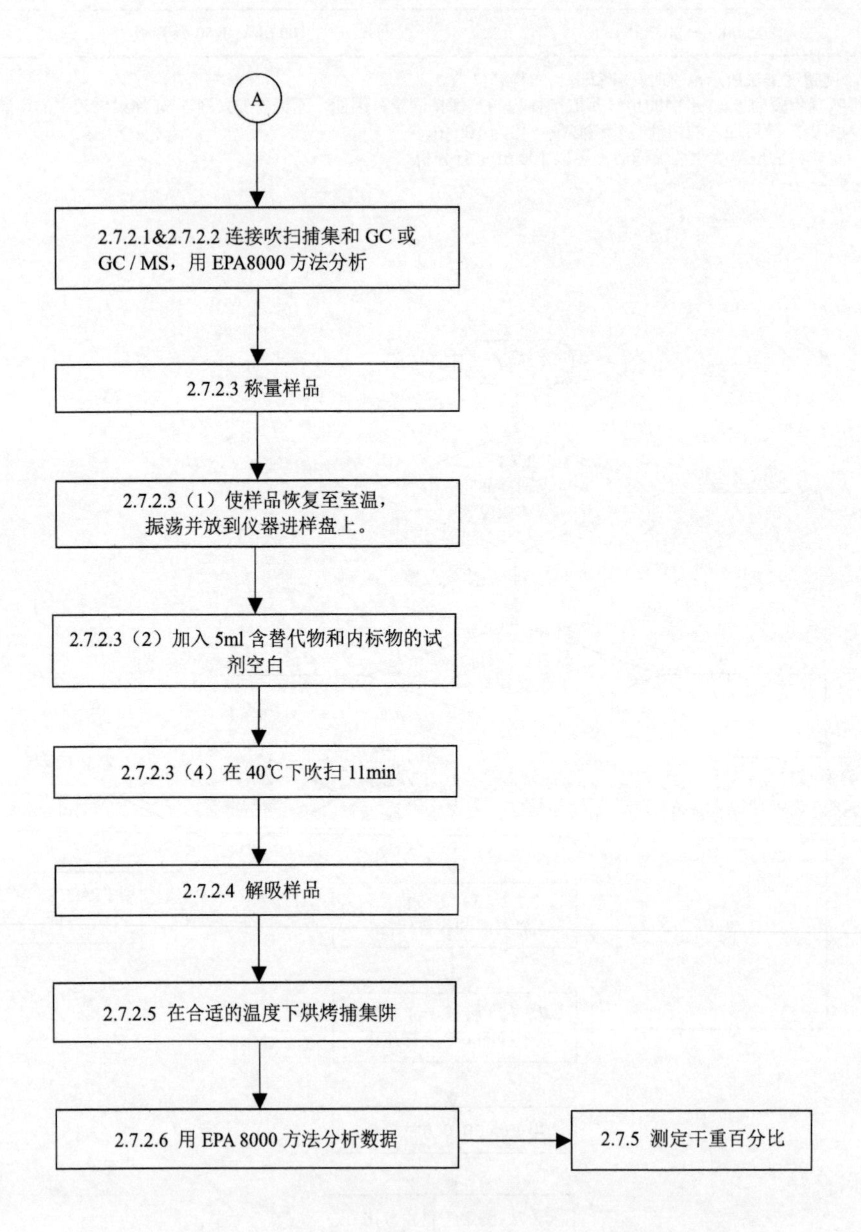

附图 1 密闭式吹扫捕集法处理土壤和固体废物中挥发性有机物流程图（续）

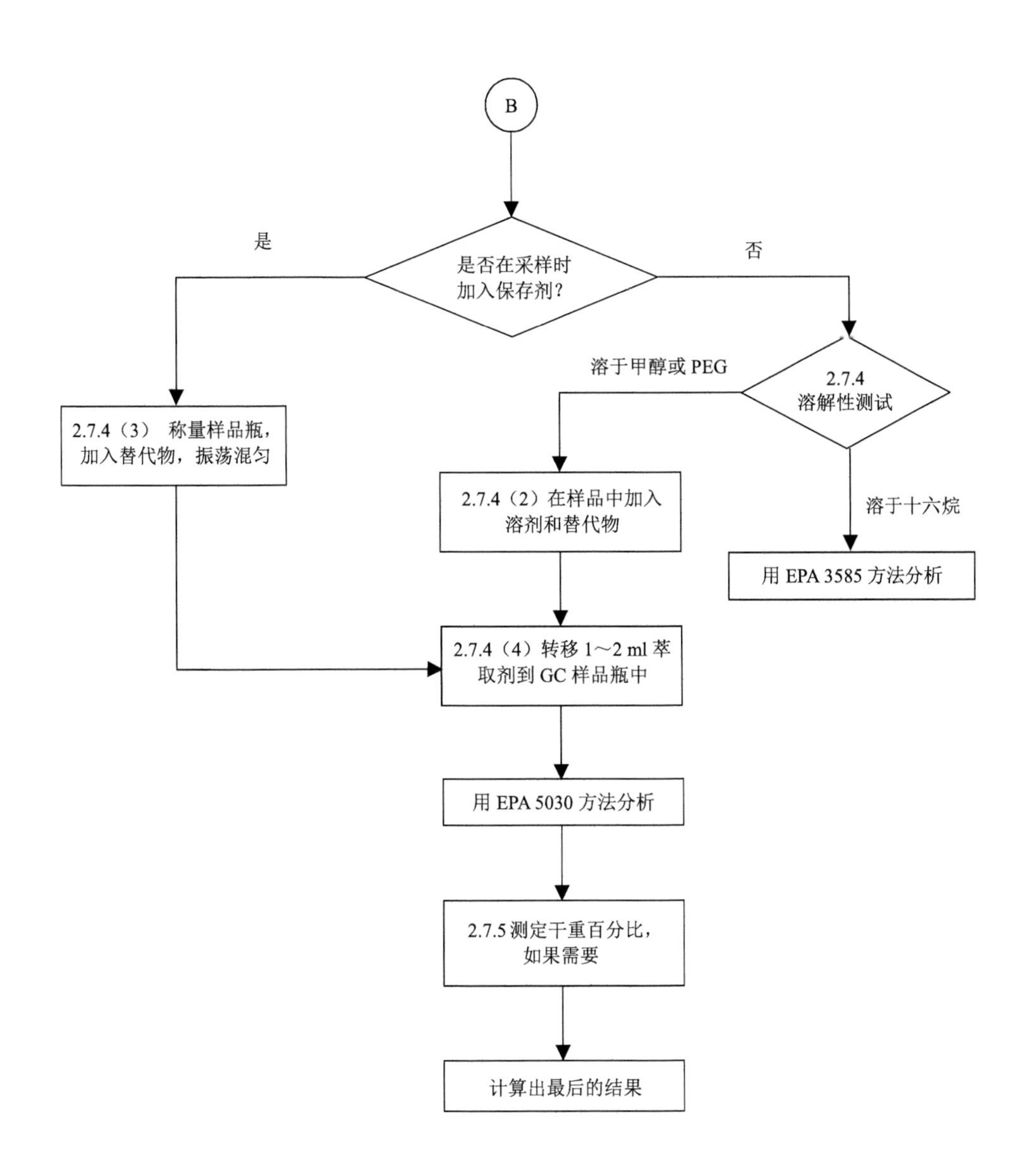

附图 1 密闭式吹扫捕集法处理土壤和固体废物中挥发性有机物流程图（续）

附录*

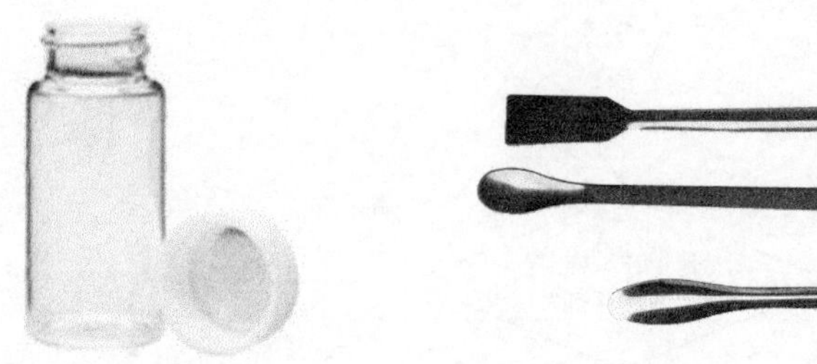

图 1　玻璃闪烁计数瓶

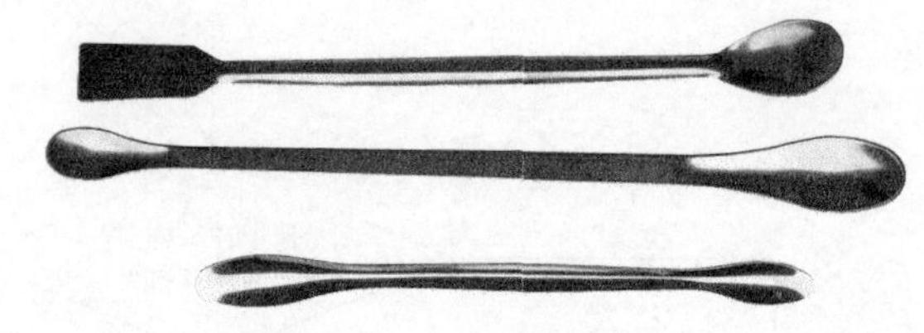

图 2　窄型不锈钢勺

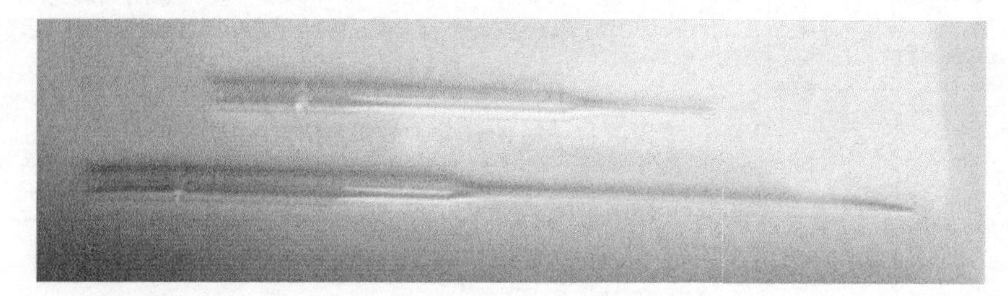

图 3　玻璃可丢弃式巴斯德吸管

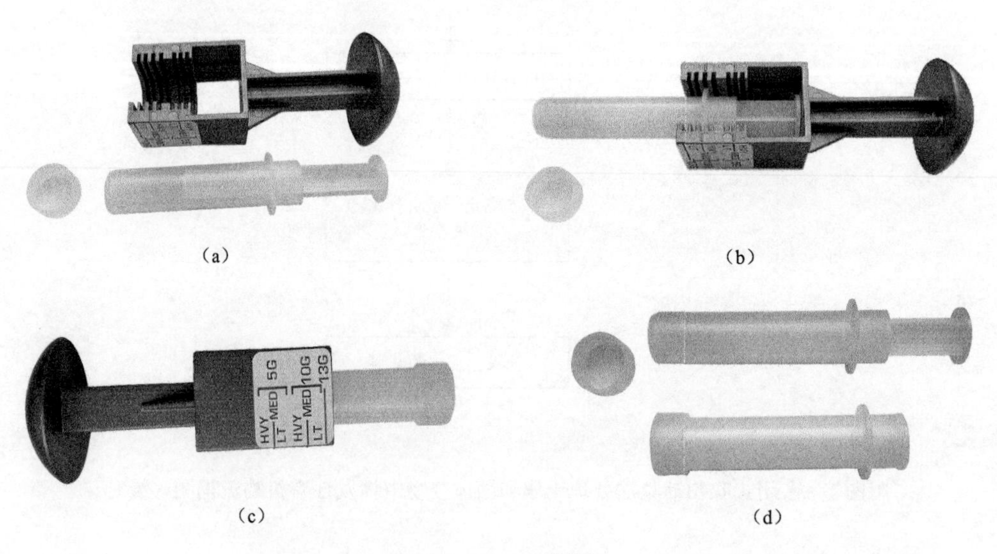

（a）　（b）　（c）　（d）

图 4　En Core 采样器

* 本附录为编译者补充整理。

图 5 土壤转移

表 1 适当的制备方法一览表（1.1 节表格）[①]

化合物中文名	化合物英文名	CAS No.[b]	适当的制备方法					
			5030/5035	5031	5032	5021	5041	直接进样
丙酮	Acetone	67-64-1	ht	c	c	nd	c	c
乙腈	Acetonitrile	75-05-8	pp	c	nd	nd	nd	c
丙烯醛（醛）	Acrolein (Propenal)	107-02-8	pp	c	c	nd	nd	c
丙烯腈	Acrylonitrile	107-13-1	pp	c	c	nd	c	c
烯丙醇	Allyl alcohol	107-18-6	ht	c	nd	nd	nd	c
烯丙基氯	Allyl chloride	107-05-1	c	nd	nd	nd	nd	c
叔戊基乙基醚（TAEE）	*t*-Amyl ethyl ether (TAEE)	919-94-8	c / ht	nd	nd	c	nd	c
叔戊基甲基醚（TAME）	*t*-Amyl methyl ether (TAME)	994-05-8	c / ht	nd	nd	c	nd	c
苯	Benzene	71-43-2	c	nd	c	c	c	c
氯化苄	Benzyl chloride	100-44-7	c	nd	nd	nd	nd	c
双（2-氯乙基）醚	Bis(2-chloroethyl)sulfide	505-60-2	pp	nd	nd	nd	nd	c
溴丙酮	Bromoacetone	598-31-2	pp	nd	nd	nd	nd	c
溴氯甲烷	Bromochloromethane	74-97-5	c	nd	c	c	c	c
一溴二氯甲烷	Bromodichloromethane	75-27-4	c	nd	c	c	c	c
4-溴氟苯（替代物）	4-Bromofluorobenzene (surr)	460-00-4	c	nd	c	c	c	c
溴仿	Bromoform	75-25-2	c	nd	c	c	c	c
溴甲烷	Bromomethane	74-83-9	c	nd	c	c	c	c
正丁醇	*n*-Butanol	71-36-3	ht	c	nd	nd	nd	c
2-丁酮（MEK）	2-Butanone (MEK)	78-93-3	pp	c	c	nd	nd	c
叔丁醇	*t*-Butyl alcohol	75-65-0	ht	c	nd	nd	nd	c
二硫化碳	Carbon disulfide	75-15-0	c	nd	c	nd	c	c

① 注：表 1～表 3 的数据来自参考文献 15。

续表

化合物中文名	化合物英文名	CAS No.[b]	适当的制备方法					
			5030/5035	5031	5032	5021	5041	直接进样
四氯化碳	Carbon tetrachloride	56-23-5	c	nd	c	c	c	c
水合氯醛	Chloral hydrate	302-17-0	pp	nd	nd	nd	nd	c
氯苯	Chlorobenzene	108-90-7	c	nd	c	c	c	c
氯苯-D_5（内标）	Chlorobenzene-D_5 (IS)		c	nd	c	c	c	c
一氯二溴甲烷	Chlorodibromomethane	124-48-1	c	nd	c	nd	c	c
氯乙烷	Chloroethane	75-00-3	c	nd	c	c	c	c
氯乙醇	2-Chloroethanol	107-07-3	pp	nd	nd	nd	nd	c
2-氯乙基乙烯基醚	2-Chloroethyl vinyl ether	110-75-8	c	nd	c	nd	nd	c
氯仿	Chloroform	67-66-3	c	nd	c	c	c	c
氯甲烷	Chloromethane	74-87-3	c	nd	c	c	c	c
氯丁橡胶	Chloroprene	126-99-8	c	nd	nd	nd	nd	c
巴豆醛	Crotonaldehyde	4170-30-3	pp	c	nd	nd	nd	c
1,2-二溴-3-氯丙烷	1,2-Dibromo-3-chloropropane	96-12-8	pp	nd	nd	c	nd	c
1,2-二溴乙烷	1,2-Dibromoethane	106-93-4	c	nd	nd	c	nd	c
二溴甲烷	Dibromomethane	74-95-3	c	nd	c	c	c	c
邻二氯苯	1,2-Dichlorobenzene	95-50-1	c	nd	nd	c	nd	c
1,3-二氯苯	1,3-Dichlorobenzene	541-73-1	c	nd	nd	c	nd	c
1,4-二氯苯	1,4-Dichlorobenzene	106-46-7	c	nd	nd	c	nd	c
1,4-二氯苯-D_4（内标）	1,4-Dichlorobenzene-D_4 (IS)		c	nd	nd	c	nd	c
顺-1,4-二氯-2-丁烯	*cis*-1,4-Dichloro-2-butene	1476-11-5	c	nd	c	nd	nd	c
反-1,4-二氯-2-丁烯	*trans*-1,4-Dichloro-2-butene	110-57-6	c	nd	c	nd	nd	c
二氯二氟甲烷	Dichlorodifluoromethane	75-71-8	c	nd	c	c	nd	c
1,1-二氯乙烷	1,1-Dichloroethane	75-34-3	c	nd	c	c	c	c
1,2-二氯乙烷	1,2-Dichloroethane	107-06-2	c	nd	c	c	c	c
1,2-二氯乙烷-D_4（替代物）	1,2-Dichloroethane-D_4 (surr)		c	nd	c	c	c	c
1,1-二氯乙烯	1,1-Dichloroethene	75-35-4	c	nd	c	c	c	c
反-1,2-二氯乙烯	*trans*-1,2-Dichloroethene	156-60-5	c	nd	c	c	c	c
1,2-二氯丙烷	1,2-Dichloropropane	78-87-5	c	nd	c	c	c	c
1,3-二氯-2-丙醇	1,3-Dichloro-2-propanol	96-23-1	pp	nd	nd	nd	nd	c

续表

化合物中文名	化合物英文名	CAS No.[b]	适当的制备方法					
			5030/5035	5031	5032	5021	5041	直接进样
顺-1,3-二氯丙烯	*cis*-1,3-Dichloropropene	10061-01-5	c	nd	c	nd	c	c
反-1,3-二氯丙烯	*trans*-1,3-Dichloropropene	10061-02-6	c	nd	c	nd	c	c
1,2,3,4-二环氧丁烷	1,2,3,4-Diepoxybutane	1464-53-5	c	nd	nd	nd	nd	c
乙醚	Diethyl ether	60-29-7	c	nd	nd	nd	nd	c
二异丙醚（DIPE）	Diisopropyl ether (DIPE)	108-20-3	c / ht	nd	nd	c	nd	c
1,4-二氟苯（内标）	1,4-Difluorobenzene (IS)	540-36-3	c	nd	nd	nd	c	nd
1,4-二氧六环	1,4-Dioxane	123-91-1	ht	c	c	nd	nd	c
环氧氯丙烷	Epichlorohydrin	106-89-8	I	nd	nd	nd	nd	c
乙醇	Ethanol	64-17-5	I	c	c	nd	nd	c
乙酸乙酯	Ethyl acetate	141-78-6	I	c	nd	nd	nd	c
乙苯	Ethylbenzene	100-41-4	c	nd	c	c	c	c
环氧乙烷	Ethylene oxide	75-21-8	pp	c	nd	nd	nd	c
甲基丙烯酸乙酯	Ethyl methacrylate	97-63-2	c	nd	c	nd	nd	c
氟苯（内标）	Fluorobenzene (IS)	462-06-6	c	nd	nd	nd	nd	nd
乙基叔丁基醚（ETBE）	Ethyl tert-butyl ether (ETBE)	637-92-3	c / ht	nd	nd	c	nd	c
六氯丁二烯	Hexachlorobutadiene	87-68-3	c	nd	nd	c	nd	c
六氯乙烷	Hexachloroethane	67-72-1	I	nd	nd	nd	nd	c
2-己酮	2-Hexanone	591-78-6	pp	nd	c	nd	nd	c
碘甲烷	Iodomethane	74-88-4	c	nd	c	nd	c	c
异丁醇	Isobutyl alcohol	78-83-1	ht / pp	c	nd	nd	nd	c
异丙苯	Isopropylbenzene	98-82-8	c	nd	nd	c	nd	c
丙二腈	Malononitrile	109-77-3	pp	nd	nd	nd	nd	c
甲基丙烯腈	Methacrylonitrile	126-98-7	pp	I	nd	nd	nd	c
甲醇	Methanol	67-56-1	I	c	nd	nd	nd	c
二氯甲烷	Methylene chloride	75-09-2	c	nd	c	c	c	c
甲基丙烯酸甲酯	Methyl methacrylate	80-62-6	c	nd	nd	nd	nd	c
4-甲基-2-戊酮（MIBK）	4-Methyl-2-pentanone (MIBK)	108-10-1	pp	c	c	nd	nd	c
甲基叔丁基醚（MTBE）	Methyl tert-butyl ether (MTBE)	1634-04-4	c / ht	nd	nd	c	nd	c
萘	Naphthalene	91-20-3	c	nd	nd	c	nd	c

续表

化合物中文名	化合物英文名	CAS No.[b]	适当的制备方法					
			5030/5035	5031	5032	5021	5041	直接进样
硝基苯	Nitrobenzene	98-95-3	c	nd	nd	nd	nd	c
2-硝基丙烷	2-Nitropropane	79-46-9	c	nd	nd	nd	nd	c
N-亚硝基二正丁胺	*N*-Nitroso-di-*n*-butylamine	924-16-3	pp	c	nd	nd	nd	c
三聚乙醛	Paraldehyde	123-63-7	pp	c	nd	nd	nd	c
五氯乙烷	Pentachloroethane	76-01-7	I	nd	nd	nd	nd	c
2-戊酮	2-Pentanone	107-87-9	pp	c	nd	nd	nd	c
2-甲基吡啶	2-Picoline	109-06-8	pp	c	nd	nd	nd	c
1-丙醇	1-Propanol	71-23-8	ht / pp	c	nd	nd	nd	c
2-丙醇	2-Propanol	67-63-0	ht / pp	c	nd	nd	nd	c
丙炔醇	Propargyl alcohol	107-19-7	pp	I	nd	nd	nd	c
β-丙内酯	*β*-Propiolactone	57-57-8	pp	nd	nd	nd	nd	c
丙腈（乙基氰）	Propionitrile (ethyl cyanide)	107-12-0	ht	c	nd	nd	nd	pc
正丙胺	*n*-Propylamine	107-10-8	c	nd	nd	nd	nd	c
吡啶	Pyridine	110-86-1	I	c	nd	nd	nd	c
苯乙烯	Styrene	100-42-5	c	nd	c	c	c	c
1,1,1,2-四氯乙烷	1,1,1,2-Tetrachloroethane	630-20-6	c	nd	nd	c	c	c
1,1,2,2-四氯乙烷	1,1,2,2-Tetrachloroethane	79-34-5	c	nd	c	c	c	c
四氯乙烯	Tetrachloroethene	127-18-4	c	nd	c	c	c	c
甲苯	Toluene	108-88-3	c	nd	c	c	c	c
甲苯-D_8（替代物）	Toluene-D_8 (surr)	2037-26-5	c	nd	c	c	c	c
邻甲苯胺	*o*-Toluidine	95-53-4	pp	c	nd	nd	nd	c
1,2,4-三氯苯	1,2,4-Trichlorobenzene	120-82-1	c	nd	nd	c	nd	c
三氯乙烷	1,1,1-Trichloroethane	71-55-6	c	nd	c	c	c	c
1,1,2-三氯乙烷	1,1,2-Trichloroethane	79-00-5	c	nd	c	c	c	c
三氯乙烯	Trichloroethene	79-01-6	c	nd	c	c	c	c
三氯氟甲烷	Trichlorofluoromethane	75-69-4	c	nd	c	c	c	c
1,2,3-三氯丙烷	1,2,3-Trichloropropane	96-18-4	c	nd	c	c	c	c
醋酸乙烯酯	Vinyl acetate	108-05-4	c	nd	c	nd	nd	c
氯乙烯	Vinyl chloride	75-01-4	c	nd	c	c	c	c

续表

化合物中文名	化合物英文名	CAS No.[b]	适当的制备方法					
			5030/5035	5031	5032	5021	5041	直接进样
邻-二甲苯	*o*-Xylene	95-47-6	c	nd	c	c	c	c
间-二甲苯	*m*-Xylene	108-38-3	c	nd	c	c	c	c
对-二甲苯	*p*-Xylene	106-42-3	c	nd	c	c	c	c

a 见 EPA8260C 1.2 节其他适当的样品制备技术；
b CAS 登记号；
c = 通过这种技术有满意的响应；
ht = 方法仅在 80℃下吹扫；
nd = 未检出；
I = 对于此化合物此技术不合适；
pc = 色谱行为较差；
pp = 吹扫效率低，导致高估计定量限；
surr = 替代物；
IS = 内标。

表 2　强化砂样品的回收率 20 μg/kg（用 EPA 5035 方法分析）

化合物中文名	化合物英文名	回收含量/ng					平均值	RSD	平均回收率/%
		1	2	3	4	5			
氯乙烯	Vinyl chloride	8.0	7.5	6.7	5.4	6.6	6.8	13.0	34.2
三氯氟甲烷	Trichlorofluoromethane	13.3	16.5	14.9	13.0	10.3	13.6	15.2	68.0
1,1-二氯乙烯	1,1-Dichloroethene	17.1	16.7	15.1	14.8	15.6	15.9	5.7	79.2
二氯甲烷	Methylene chloride	24.5	22.7	19.7	19.4	20.6	21.4	9.1	107
反-1,2-二氯乙烯	*trans*-1,2-Dichloroethene	22.7	23.6	19.4	18.3	20.1	20.8	0.7	104
1,1-二氯乙烷	1,1-Dichloroethane	18.3	18.0	16.7	15.6	15.9	16.9	6.4	84.4
顺-1,2-二氯乙烯	*cis*-1,2-Dichloroethene	26.1	23.1	22.6	20.3	20.8	22.6	9.0	113
溴氯甲烷	Bromochloromethane	24.5	25.4	20.9	20.1	20.1	22.2	10.2	111
氯仿	Chloroform	26.5	26.0	22.1	18.9	22.1	23.1	12.2	116
1,1,1-三氯乙烷	1,1,1-Trichloroethane	21.5	23.0	23.9	16.7	31.2	23.4	21.2	117
四氯化碳	Carbon tetrachloride	23.6	24.2	22.6	18.3	23.3	22.4	9.4	112
苯	Benzene	22.4	23.9	20.4	17.4	19.2	20.7	11.2	103
三氯乙烯	Trichloroethene	21.5	20.5	19.2	14.4	19.1	18.9	12.7	94.6
1,2-二氯丙烷	1,2-Dichloropropane	24.9	26.3	23.1	19.0	23.3	23.3	10.5	117
二溴甲烷	Dibromomethane	25.4	26.4	21.6	20.4	23.6	23.5	9.6	117
一溴二氯甲烷	Bromodichloromethane	25.7	26.7	24.1	17.9	23.0	23.5	13.1	117
甲苯	Toluene	28.3	25.0	24.8	16.3	23.6	23.6	16.9	118

续表

化合物中文名	化合物英文名	回收含量/ng					平均值	RSD	平均回收率/%
		1	2	3	4	5			
1,1,2-三氯乙烷	1,1,2-Trichloroethane	25.4	24.5	21.6	17.7	22.1	22.2	12.1	111
1,3-二氯丙烷	1,3-Dichloropropane	25.4	24.2	22.7	17.0	22.2	22.3	12.8	112
二溴一氯甲烷	Dibromochloromethane	26.3	26.2	23.7	18.2	23.2	23.5	12.5	118
氯苯	Chlorobenzene	22.9	22.5	19.8	14.6	19.4	19.9	15.0	99.3
1,1,1,2-四氯乙烷	1,1,1,2-Tetrachloroethane	22.4	27.7	25.1	19.4	22.6	23.4	12.0	117
乙苯	Ethylbenzene	25.6	25.0	22.1	14.9	24.0	22.3	17.5	112
对二甲苯	*p*-Xylene	22.5	22.0	19.8	13.9	20.3	19.7	15.7	98.5
邻二甲苯	*o*-Xylene	24.2	23.1	21.6	14.0	20.4	20.7	17.3	103
苯乙烯	Styrene	23.9	21.5	20.9	14.3	20.5	20.2	15.7	101
溴仿	Bromoform	26.8	25.6	26.0	20.1	23.5	24.4	9.9	122
异丙苯	iso-Propylbenzene	25.3	25.1	24.2	15.4	24.6	22.9	16.6	114
溴苯	Bromobenzene	19.9	21.8	20.0	15.5	19.1	19.3	10.7	96.3
1,2,3-三氯丙烷	1,2,3-Trichloropropane	25.9	23.0	25.6	15.9	21.4	22.2	15.8	111
正丙苯	*n*-Propylbenzene	26.0	23.8	22.6	13.9	21.9	21.6	19.0	106
邻氯甲苯	2-Chlorotoluene	23.6	23.8	21.3	13.0	21.5	20.6	19.2	103
对氯甲苯	4-Chlorotoluene	21.0	19.7	18.4	12.1	18.3	17.9	17.1	89.5
1,3,5-三甲苯	1,3,5-Trimethylbenzene	24.0	22.1	22.5	13.8	22.9	21.1	17.6	105
仲丁基苯	sec-Butylbenzene	25.9	25.3	27.8	16.1	28.6	24.7	18.1	124
1,2,4-三甲苯	1,2,4-Trimethylbenzene	30.6	39.2	22.4	18.0	22.7	26.6	28.2	133
1,3-二氯苯	1,3-Dichlorobenzene	20.3	20.6	18.2	13.0	17.6	17.9	15.2	89.7
对甲基异丙基苯	*p*-iso-Propyltoluene	21.6	22.1	21.6	16.0	22.8	20.8	11.8	104
1,4-二氯苯	1,4-Dichlorobenzene	18.1	21.2	20.0	13.2	17.4	18.0	15.3	90.0
邻二氯苯	1,2-Dichlorobenzene	18.4	22.5	22.5	15.2	19.9	19.7	13.9	96.6
正丁基苯	*n*-Butylbenzene	13.1	20.3	19.5	10.8	18.7	16.5	23.1	82.4
1,2,4-三氯苯	1,2,4-Trichlorobenzene	14.5	14.9	15.7	8.8	12.3	13.3	18.8	66.2
六氯丁二烯	Hexachlorobutadiene	17.6	22.5	21.6	13.2	21.6	19.3	18.2	96.3
1,2,3-三氯苯	1,2,3-Trichlorobenzene	14.9	15.9	16.5	11.9	13.9	14.6	11.3	73.1

表 3 危险废物填埋场土壤的回收率 20 μg/kg（用 EPA 5035 方法分析）

化合物中文名	化合物英文名	回收含量/ng					平均值	RSD	平均回收率/%
		1	2	3	4	5			
氯乙烯	Vinyl chloride	33.4	31.0	30.9	29.7	28.6	30.8	5.2	154
三氯氟甲烷	Trichlorofluoromethane	37.7	20.8	20.0	21.8	20.5	24.1	28.2	121
1,1-二氯乙烯	1,1-Dichloroethene	21.7	33.5	39.8	30.2	32.5	31.6	18.5	158
二氯甲烷	Methylene chloride	20.9	19.4	18.7	18.3	18.4	19.1	5.1	95.7
反-1,2-二氯乙烯	*trans*-1,2-Dichloroethene	21.8	18.9	20.4	17.9	17.8	19.4	7.9	96.8
1,1-二氯乙烷	1,1-Dichloroethane	23.8	21.9	21.3	21.3	20.5	21.8	5.2	109
顺-1,2-二氯乙烯	*cis*-1,2-Dichloroethene	21.6	18.8	18.5	18.2	18.2	19.0	6.7	95.2
溴氯甲烷	Bromochloromethane	22.3	19.5	19.3	19.0	19.2	20.0	6.0	100
氯仿	Chloroform	20.5	17.1	17.3	16.5	15.9	17.5	9.2	87.3
三氯乙烷	1,1,1-Trichloroethane	16.4	11.9	10.7	9.5	9.4	11.6	22.4	57.8
四氯化碳	Carbon tetrachloride	13.1	11.3	13.0	11.8	11.2	12.1	6.7	60.5
苯	Benzene	21.1	19.3	18.7	18.2	16.9	18.8	7.4	94.1
三氯乙烯	Trichloroethene	19.6	16.4	16.5	16.5	15.5	16.9	8.3	84.5
1,2-二氯丙烷	1,2-Dichloropropane	21.8	19.0	18.3	18.8	16.5	18.9	9.0	94.4
二溴甲烷	Dibromomethane	20.9	17.9	17.9	17.2	18.3	18.4	6.9	92.1
一溴二氯甲烷	Bromodichloromethane	20.9	18.0	18.9	18.2	17.3	18.6	6.6	93.2
甲苯	Toluene	22.2	17.3	18.8	17.0	15.9	18.2	12.0	91.2
1,1,2-三氯乙烷	1,1,2-Trichloroethane	21.0	16.5	17.2	17.2	16.5	17.7	9.6	88.4
1,3-二氯丙烷	1,3-Dichloropropane	21.4	17.3	18.7	18.6	16.7	18.5	8.8	92.6
二溴一氯甲烷	Dibromochloromethane	20.9	18.1	19.0	18.8	16.6	18.7	7.5	93.3
氯苯	Chlorobenzene	20.8	18.4	17.6	16.8	14.8	17.7	11.2	88.4
1,1,1,2-四氯乙烷	1,1,1,2-Tetrachloroethane	19.5	19.0	17.8	17.2	16.5	18.0	6.2	90.0
乙苯	Ethylbenzene	21.1	18.3	18.5	16.9	15.3	18.0	10.6	90.0
对二甲苯	*p*-Xylene	20.0	17.4	18.2	16.3	14.4	17.3	10.9	86.3
邻二甲苯	*o*-Xylene	20.7	17.2	16.8	16.2	14.8	17.1	11.4	85.7
苯乙烯	Styrene	18.3	15.9	16.2	15.3	13.7	15.9	9.3	79.3
溴仿	Bromoform	20.1	15.9	17.1	17.5	16.1	17.3	8.6	86.7
异丙苯	iso-Propylbenzene	21.0	18.1	19.2	18.4	15.6	18.4	9.6	92.2
溴苯	Bromobenzene	20.4	16.2	17.2	16.7	15.4	17.2	10.1	85.9

续表

化合物中文名	化合物英文名	回收含量/ng					平均值	RSD	平均回收率/%
		1	2	3	4	5			
1,1,2,2-四氯乙烷	1,1,2,2-Tetrachloroethane	23.3	17.9	21.2	18.8	16.8	19.6	12.1	96.0
1,2,3-三氯丙烷	1,2,3-Trichloropropane	18.4	14.6	15.6	16.1	15.6	16.1	8.0	80.3
正丙苯	*n*-Propylbenzene	20.4	18.9	17.9	17.0	14.3	17.7	11.6	88.4
邻氯甲苯	2-Chlorotoluene	19.1	17.3	16.1	16.0	14.4	16.7	9.2	83.6
对氯甲苯	4-Chlorotoluene	19.0	15.5	16.8	15.9	13.6	16.4	10.6	81.8
1,3,5-三甲苯	1,3,5-Trimethylbenzene	20.8	18.0	17.4	16.1	14.7	17.4	11.7	86.9
仲丁基苯	sec-Butylbenzene	21.4	18.3	18.9	17.0	14.9	18.1	11.8	90.5
1,2,4-三甲苯	1,2,4-Trimethylbenzene	20.5	18.6	16.8	15.3	13.7	17.0	14.1	85.0
1,3-二氯苯	1,3-Dichlorobenzene	17.6	15.9	15.6	14.2	14.4	15.6	7.9	77.8
对甲基异丙基苯	*p*-iso-Propyltoluene	20.5	17.0	17.1	15.6	13.4	16.7	13.9	83.6
1,4-二氯苯	1,4-Dichlorobenzene	18.5	13.8	14.8	16.7	14.9	15.7	10.5	78.7
邻二氯苯	1,2-Dichlorobenzene	18.4	15.0	15.4	15.3	13.5	15.5	10.5	77.6
正丁基苯	*n*-Butylbenzene	19.6	15.9	15.9	14.4	18.9	16.9	11.7	84.6
1,2,4-三氯苯	1,2,4-Trichlorobenzene	15.2	17.2	17.4	13.6	12.1	15.1	13.5	75.4
六氯丁二烯	Hexachlorobutadiene	18.7	16.2	15.5	13.8	16.6	16.1	10.0	80.7
萘	Naphthalene	13.9	11.1	10.2	10.8	11.4	11.5	11.0	57.4
1,2,3-三氯苯	1,2,3-Trichlorobenzene	14.9	15.2	16.8	13.7	12.7	14.7	9.5	73.2

表 4　菜园土壤中的加标回收率 20 μg/kg（用 EPA 5035 方法分析）

化合物中文名	化合物英文名	回收含量/ng					平均值	RSD	平均回收率/%
		1	2	3	4	5			
氯乙烯	Vinyl chloride	12.7	10.9	9.8	8.1	7.2	9.7	20.2	48.7
三氯氟甲烷	Trichlorofluoromethane	33.7	6.4	30.3	27.8	22.9	24.2	39.6	121
1,1-二氯乙烯	1,1-Dichloroethene	27.7	20.5	24.1	15.1	13.2	20.1	26.9	101
二氯甲烷	Methylene chloride	25.4	23.9	24.7	22.2	24.2	24.1	4.4	120
反-1,2-二氯乙烯	*trans*-1,2-Dichloroethene	2.8	3.0	3.3	2.2	2.4	2.7	15.0	13.6
1,1-二氯乙烷	1,1-Dichloroethane	24.1	26.3	27.0	20.5	21.2	23.8	11.0	119
顺-1,2-二氯乙烯	*cis*-1,2-Dichloroethene	8.3	10.2	8.7	5.8	6.4	7.9	20.1	39.4
溴氯甲烷	Bromochloromethane	11.1	11.8	10.2	8.8	9.0	10.2	11.2	50.9

续表

化合物中文名	化合物英文名	回收含量/ng					平均值	RSD	平均回收率/%
		1	2	3	4	5			
氯仿	Chloroform	16.7	16.9	17.0	13.8	15.0	15.9	7.9	79.3
1,1,1-三氯乙烷	1,1,1-Trichloroethane	24.6	22.8	22.1	16.2	20.9	21.3	13.4	107
四氯化碳	Carbon tetrachloride	19.4	20.3	22.2	20.0	20.2	20.4	4.6	102
苯	Benzene	21.4	22.0	22.4	19.6	20.4	21.2	4.9	106
三氯乙烯	Trichloroethene	12.4	16.5	14.9	9.0	9.9	12.5	22.9	62.7
1,2-二氯丙烷	1,2-Dichloropropane	19.0	18.8	19.7	16.0	17.6	18.2	7.1	91.0
二溴甲烷	Dibromomethane	7.3	8.0	6.9	5.6	6.8	6.9	11.3	34.6
一溴二氯甲烷	Bromodichloromethane	14.9	15.9	15.9	12.8	13.9	14.7	8.3	73.3
甲苯	Toluene	42.6	39.3	45.1	39.9	45.3	42.4	5.9	212
1,1,2-三氯乙烷	1,1,2-Trichloroethane	13.9	15.2	1.4	21.3	14.9	15.9	17.0	79.6
1,3-二氯丙烷	1,3-Dichloropropane	13.3	16.7	11.3	10.9	9.5	12.3	20.3	61.7
二溴一氯甲烷	Dibromochloromethane	14.5	13.1	14.5	11.9	14.4	13.7	7.6	68.3
氯苯	Chlorobenzene	8.4	10.0	8.3	6.9	7.8	8.3	12.1	41.3
1,1,1,2-四氯乙烷	1,1,1,2-Tetrachloroethane	16.7	16.7	15.6	15.8	15.7	16.1	3.2	80.4
乙苯	Ethylbenzene	22.1	21.4	23.1	20.1	22.6	21.9	4.8	109
对二甲苯	*p*-Xylene	41.4	38.4	43.8	38.3	44.0	41.2	6.1	206
邻二甲苯	*o*-Xylene	31.7	30.8	34.3	30.4	33.2	32.1	4.6	160
苯乙烯	Styrene	0	0	0	0	0	0	0	0
溴仿	Bromoform	8.6	8.9	9.1	7.0	7.7	8.3	9.4	41.4
异丙苯	iso-Propylbenzene	18.1	18.8	9.7	18.3	19.6	18.9	3.5	94.4
溴苯	Bromobenzene	5.1	5.4	5.3	4.4	4.0	4.8	11.6	24.1
1,1,2,2-四氯乙烷	1,1,2,2-Tetrachloroethane	14.0	13.5	14.7	15.3	17.1	14.9	8.5	74.5
1,2,3-三氯丙烷	1,2,3-Trichloropropane	11.0	12.7	11.7	11.7	11.9	11.8	4.5	59.0
正丙苯	*n*-Propylbenzene	13.4	13.3	14.7	12.8	13.9	13.6	4.7	68.1
邻氯甲苯	2-Chlorotoluene	8.3	9.0	11.7	8.7	7.9	9.1	14.8	45.6
对氯甲苯	4-Chlorotoluene	5.1	5.4	5.5	4.8	4.5	5.0	7.9	25.2
1,3,5-三甲苯	1,3,5-Trimethylbenzene	31.3	27.5	33.0	31.1	33.6	31.3	6.8	157
仲丁基苯	sec-Butylbenzene	13.5	13.4	16.4	13.8	15.4	14.5	8.3	72.5
1,2,4-三甲苯	1,2,4-Trimethylbenzene	38.7	32.4	40.8	34.1	40.3	37.3	9.1	186
1,3-二氯苯	1,3-Dichlorobenzene	3.6	3.6	3.7	3.0	3.2	3.4	8.0	17.2

续表

化合物中文名	化合物英文名	回收含量/ng					平均值	RSD	平均回收率/%
		1	2	3	4	5			
对甲基异丙基苯	*p*-iso-Propyltoluene	14.7	14.1	16.1	13.9	15.1	14.8	5.2	73.8
1,4-二氯苯	1,4-Dichlorobenzene	3.0	3.5	3.3	2.6	2.8	3.0	10.2	15.0
邻二氯苯	1,2-Dichlorobenzene	3.6	4.3	4.0	3.5	3.6	3.8	8.3	19.0
正丁基苯	*n*-Butylbenzene	17.4	13.8	14.0	18.9	24.0	17.6	21.2	88.0
1,2,4-三氯苯	1,2,4-Trichlorobenzene	2.8	2.9	3.3	2.6	3.2	3.0	8.5	15.0
六氯丁二烯	Hexachlorobutadiene	4.8	4.0	6.1	5.6	6.0	5.3	15.1	26.4
萘	Naphthalene	5.5	5.1	5.5	4.7	5.6	5.3	6.2	26.5
1,2,3-三氯苯	1,2,3-Trichlorobenzene	2.2	2.3	2.4	2.2	2.3	2.3	3.5	11.4

3 EPA 8261 真空蒸馏 / 气相色谱 / 质谱（VD / GC / MS）测定挥发性有机化合物

SW-846 不作为分析培训手册，因而方法步骤是基于分析人员受过基本化学分析原理和专业技术应用正式训练这一假设而编写的。

另外，除了为了有方法定义参数的分析而设的方法外，SW-846 的方法应作为指导方法，包括如何进行某一分析步骤或技术的常用信息，实验室可以此作为基础建立详细标准操作程序（standard operating procedure，SOP），无论是用于一般用途或专门项目用途。本方法包含的性能数据仅供参考，不作为预期值，也不能当作以实验室认证为目的的绝对质量控制合格标准。

3.1 适用范围

（1）本方法适用于测定各种液体、固体、废油及动物组织中的挥发性有机化合物和沸点低的半挥发性有机化合物。本方法适用于几乎所有类型的基体，如水、土壤、沉积物、污泥、废弃物、油和生物体挥发性有机物样品的测定。表 3-1 中的化合物可用本方法测定。

表 3-1 真空蒸馏 / 气相色谱 / 质谱适用的化合物

化合物中文名	化合物英文名	CAS No.[a]
丙酮	Acetone	67-64-1
乙腈	Acetonitrile	75-05-8
苯乙酮	Acetophenone	98-86-2
丙烯醛	Acrolein	107-02-8
丙烯腈	Acrylonitrile	107-13-1
烯丙基氯	Allyl chloride	107-05-1
叔戊基乙基醚	*t*-Amyl ethyl ether(TAEE)	919-94-8

续表

化合物中文名	化合物英文名	CAS No.[a]
叔戊基甲基醚	*t*-Amyl methyl ether (TAME)	994-05-8
苯胺	Aniline	62-53-3
苯	Benzene	71-43-2
溴氯甲烷	Bromochloromethane	74-97-5
一溴二氯甲烷	Bromodichloromethane	75-27-4
三溴甲烷（溴仿）	Bromoform	75-25-2
溴化甲烷	Bromomethane	74-83-9
2-丁酮	2-Butanone	78-93-3
叔丁醇	*t*-Butyl alcohol (TBA)	75-65-0
正丁基苯	*n*-Butylbenzene	104-51-8
仲丁基苯	sec-Butylbenzene	135-98-8
叔丁基苯	tert-Butylbenzene	98-06-6
二硫化碳	Carbon disulfide	75-15-0
四氯化碳	Carbon tetrachloride	56-23-5
氯苯	Chlorobenzene	108-90-7
一氯二溴甲烷	Chlorodibromomethane	124-48-1
氯乙烷	Chloroethane	75-00-3
氯仿	Chloroform	67-66-3
氯甲烷	Chloromethane	74-87-3
2-氯甲苯	2-Chlorotoluene	95-49-8
4-氯甲苯	4-Chlorotoluene	106-43-4
1,2-二溴-3-氯丙烷	1,2-Dibromo-3-chloropropane	96-12-8
二溴甲烷	Dibromomethane	74-95-3
1,2-二氯苯	1,2-Dichlorobenzene	95-50-1
1,3-二氯苯	1,3-Dichlorobenzene	541-73-1
1,4-二氯苯	1,4-Dichlorobenzene	106-46-7
顺-1,4-二氯-2-丁烯	*cis*-1,4-Dichloro-2-butene	764-41-0
反-1,4-二氯-2-丁烯	*trans*-1,4-Dichloro-2-butene	110-57-6
二氯二氟甲烷	Dichlorodifluoromethane	75-71-8
1,1-二氯乙烷	1,1-Dichloroethane	75-34-3

续表

化合物中文名	化合物英文名	CAS No.[a]
1,2-二氯乙烷	1,2-Dichloroethane	107-06-2
1,1-二氯乙烯	1,1-Dichloroethene	75-35-4
反-1,2-二氯乙烯	*trans*-1,2-Dichloroethene	156-60-5
顺-1,2-二氯乙烯	*cis*-1,2-Dichloroethene	156-59-2
1,2-二氯丙烷	1,2-Dichloropropane	78-87-5
1,3-二氯丙烷	1,3-Dichloropropane	142-28-9
2,2-二氯丙烷	2,2-Dichloropropane	594-20-7
1,1-二氯丙烯	1,1-Dichloropropene	563-58-6
顺-1,3-二氯丙烯	*cis*-1,3-Dichloropropene	10061-01-5
反-1,3-二氯丙烯	*trans*-1,3-Dichloropropene	10061-02-6
乙醚	Diethyl ether	60-29-7
二异丙醚	Diisopropyl ether (DIPE)	108-20-3
1,4 –二氧己环	1,4-Dioxane	123-91-1
乙醇	Ethanol	64-17-5
乙酸乙酯	Ethyl acetate	141-78-6
乙苯	Ethylbenzene	100-41-4
乙基叔丁基醚	Ethyl *t*-butyl ether (ETBE)	637-92-3
甲基丙烯酸乙酯	Ethyl methacrylate	97-63-2
六氯丁二烯	Hexachlorobutadiene	87-68-3
2-己酮	2-Hexanone	591-78-6
碘化甲烷	Iodomethane	74-88-4
异丁醇	Isobutyl alcohol	78-83-1
异丙基苯	Isopropylbenzene	98-82-8
对–异丙基甲苯	*p*-Isopropyltoluene	99-87-6
甲基丙烯腈	Methacrylonitrile	126-98-7
甲基叔丁基醚	Methyl *t*-butyl ether (MTBE)	1634-04-4
二氯甲烷	Methylene chloride	75-09-2
甲基丙烯酸甲酯	Methyl methacrylate	80-62-6
1-甲基萘	1-Methylnaphthalene	90-12-0
2-甲基萘	2-Methylnaphthalene	91-57-6

续表

化合物中文名	化合物英文名	CAS No.[a]
4-甲基-2-戊酮	4-Methyl-2-pentanone(MIBK)	108-10-1
萘	Naphthalene	91-20-3
N-二丁基亚硝胺	*N*-Nitrosodibutylamine	924-16-3
N-亚硝基二乙胺	*N*-Nitrosodiethylamine	55-18-5
N-二甲基亚硝胺	*N*-Nitrosodimethylamine	62-75-9
N-亚硝基-二正-丙胺	*N*-Nitrosodi-*n*-propylamine	621-64-7
N-亚硝基甲乙胺	*N*-Nitrosomethylethylamine	10595-95-6
五氯乙烷	Pentachloroethane	76-01-7
2-甲基吡啶	2-Picoline	109-06-8
丙腈	Propionitrile	107-12-0
正丙基苯	*n*-Propylbenzene	103-65-1
吡啶	Pyridine	110-86-1
苯乙烯	Styrene	100-42-5
1,1,2,2-四氯乙烷	1,1,2,2-Tetrachloroethane	79-34-5
四氯乙烯	Tetrachloroethene	127-18-4
四氢呋喃	Tetrahydrofuran	109-99-9
甲苯	Toluene	108-88-3
邻甲苯胺	*o*-Toluidine	95-53-4
1,2,3-三氯苯	1,2,3-Trichlorobenzene	87-61-6
1,2,4-三氯苯	1,2,4-Trichlorobenzene	120-82-1
1,1,1-三氯乙烷	1,1,1-Trichloroethane	71-55-6
1,1,2-三氯乙烷	1,1,2-Trichloroethane	79-00-5
三氯乙烯	Trichloroethene	79-01-6
三氯氟甲烷	Trichlorofluoromethane	75-69-4
1,2,3-三氯丙烷	1,2,3-Trichloropropane	96-18-4
1,2,4-三甲基苯	1,2,4-Trimethylbenzene	95-63-6
1,3,5-三甲基苯	1,3,5-Trimethylbenzene	108-67-8
氯乙烯	Vinyl chloride	75-01-4
邻二甲苯	*o*-Xylene	95-47-6
间二甲苯	*m*-Xylene	108-38-3

续表

化合物中文名	化合物英文名	CAS No.[a]
对二甲苯	*p*-Xylene	106-42-3

a 化学文摘索引号。

（2）本方法适用于大多数沸点低于 245℃和水汽分配系数低于 15 000 的挥发性有机化合物，其中也包括可溶于水的化合物。请注意其适用范围包括某些通常不被认为是挥发性的化合物（如亚硝胺、苯胺和吡啶）。

（3）本方法包含真空蒸馏、低温捕捉（EPA 5032 方法）和气相色谱/质谱法（GC / MS）的分析过程。本方法包含替代物基体校正，通过分析多种替代物以预测基体效应。因此，本方法包括的计算专门针对本方法，不一定适用于其他方法的数据生成。本方法包括从样品预处理到仪器分析的所有必要步骤。

（4）在使用本方法前，建议分析人员查阅整个分析流程中每个步骤使用的基本方法（如 EPA 3500 方法、EPA 3600 方法、EPA 5000 方法及 EPA 8000 方法）中关于质量控制过程、质量控制验收标准、计算及常规指导的信息。同时，分析人员应阅读本章开篇的免责声明[①]及 3.2 节中关于选择方法、仪器、材料、试剂及耗材的灵活性，以及分析人员有责任证明其所采用的技术适合于目标分析物、目标基体、关注等级。

同时，分析人员和数据使用者应该注意，除了法规明确规定外，EPA 8261 方法的使用在应对联邦的测试要求中是非强制的。作为一种指导，此方法包含的信息由美国环境保护署提供，用于使分析人员和管理人员做出必要的判断，以产生满足预期目标的数据结果。

（5）此方法仅限于熟悉真空蒸馏技术、能熟练使用气相色谱-质谱仪的分析人员使用，或者在其监督下使用。每个分析人员应证明自己有能力用本方法产生可接受的结果。

3.2 方法概要

（1）将液体、固体或组织样品转移入蒸馏瓶，连接真空蒸馏装置（附图 1）。本方法中的样品量因分析要求而异，并可以使用同一标准曲线，用替代物校正补

① 手册指的是 SW-846，分为 0010-0100 系列、1000 系列、3000 系列、4000 系列、5000 系列、6000 系列、7000 系列、9000 系列和 9000 系列。手册前面有免责声明、方法灵活性和质量控制标准导则。

偿样品量的变化。土壤、组织或油类等样品应加入试剂级纯水。

（2）样品室通过真空泵减压，维持在大约 10 torr[①]（水蒸气气压），以使水分从样品中去除。蒸汽通过 5℃冷凝旋管，其中水蒸气被冷却凝结，不凝结的挥发性有机物被收集在液氮冷却的-196℃的不锈钢捕集阱（冷阱）中。

（3）经过适当时间的蒸馏后（时间根据不同基体和分析物类别而定），被冷阱捕集的化合物被瞬间加热解吸，通过氦气作为载气送入气相色谱仪。

（4）从气相色谱仪洗脱的分析物通过射流分离器或直接连接进入质谱仪（宽孔毛细色谱柱通常需要射流分离器，而窄孔毛细色谱柱通常可以直接连接到离子源）。

（5）定量分以下三个步骤。

第一，用质谱仪测定每种目标物的响应。被引入质谱仪的目标物的质量，通过比较样品中的分析物的定量离子与最初标准曲线中的定量离子的响应（峰面积）来确定。

第二，测定替代物和目标物的回收率，推荐的替代物见附表 3。替代物回收率等于在样品中的总响应除以它在最初校准曲线的平均响应，替代物回收率通过“回收率——性质关系解决方法”来测定每个目标物的回收率［见 3.11.11（8）］。

第三，根据预测回收率、样品量、样品上机测定浓度计算出被测样品中目标物的浓度。

用于生成基体校正的软件可以通过 EPA 网站（http://www.epa.gov/nerlesd1/chemistry/vacuum/default.htm）进行免费下载。

（6）本方法包含特定的校准和质量控制的步骤，可取代 EPA 8000 方法和 EPA 8260 方法提供的一般要求。

（7）需要强调的是，真空蒸馏的条件需要优化，以使目标物从样品基体中分离出来且避免水分被带出。可以改变条件以优化特定的某个或某类分析。蒸馏时间可根据基体效应和特定目标物类别而调整，操作参数也可调整达到最优的目标物回收率。

3.3 定义

α-效应：基体对化合物相对挥发度的影响。

---

① 1 torr ≈ 1.33322×10^2 Pa。

α-替代物：见“气液分离替代物”。

β-效应：基体对回收率的影响取决于化合物的沸点，也叫作沸点效应。

β-替代物：见凝结替代物。

Ⅰ类化合物：沸点一般低于 160℃和 α 值（或 k 值）低于 50 的化合物，包括永久气体和大多数挥发性化合物。

Ⅱ类化合物：沸点大于 160℃的化合物，包括中性的半挥发性化合物（the neutral semivolatiles）。

Ⅲ类化合物：α 值大于 50 的化合物，包括水溶性挥发性化合物。

Ⅳ类化合物：易降解的、灵敏度较差的化合物，包括 basic 化学式碱性的半挥发性化合物（the basic semivolatiles）。

凝结替代物（沸点或 β-替代物）：向样品中添加 β-替代物，测定回收率，了解真空蒸馏过程中化合物在装置和样品表面的凝结情况。β-替代物在表 3-3 中给出。

蒸馏性能替代物：见“气液分离替代物”。

气液分离替代物（α-替代物）：向样品中添加 α-替代物，测定回收率，了解化合物在气-液两相的分配情况（分配系数 K）。沸点在 40℃以上的化合物若被用作 α-替代物，应评估由于冷凝而引起的潜在损失。若冷凝现象明显，则需校正回收率。α-替代物也叫作蒸馏性能替代物。

相对挥发度（α）：相对挥发度表示含水样品中的化合物挥发到样品上方气相空间的能力。相对挥发度与化合物的气液分配系数（K）成正比，用 α 或 K 表示。附表 3 列举了附表 1 中化合物的 α 值，相当于 EPA 8261 文献 7 中的 K。

3.4　干扰

（1）溶剂、试剂、玻璃器皿及样品处理过程中接触样品的其他器皿可能对样本分析产生假象和（或）干扰（如色谱图基线升高）。所有这些材料必须通过空白分析来证明不会产生干扰。应选择特定的试剂和全玻璃系统净化蒸馏的溶剂。参考所使用的每一种方法中关于质量控制步骤的特别指导，以及第四部分关于清洁玻璃仪器的普通指导，也可参考 EPA 8000 方法关于干扰方面的讨论。

①不同的样品和基体会对蒸馏产生不同的干扰。通过空白分析，确保样品不受干扰，空白分析应与样品分析的实验条件保持一致。

②蒸馏设备可通过预先排空 10 min 来净化，此时冷凝管应加热到 95℃或更高。

（2）进行分析的实验室里应做到完全不含溶剂。在实验室空气中，常常被检出含有低浓度的常见溶剂，尤其是丙酮和二氯甲烷。样品接收室应置于干净的环境中，以消除潜在的环境污染。

（3）样品在装运时可能受到污染。应该同时分析现场空白和运输空白，以确保运送样品的完整性。建议在可能的情况下，在采样现场直接将样品基体标准和替代物加入样品瓶，称重且使用 Viton（或等效）O 型圈连接密封。

（4）吹扫气体的杂质和泵释放气体中的有机物是污染的主要来源。整个分析系统应通过实验室试剂空白分析来证实、排除污染，所有气体管道应配备捕集阱来去除碳氢化合物和氧气。

3.5 安全

（1）本方法难以涉及其使用过程中可能遇到的所有安全问题。实验室有责任维持一个安全的工作环境，并依据职业安全与卫生条例（Occupational Safety and Health Administration，OSHA）整理更新一份关于安全使用本方法中所有化学品的警示文件。所有参与分析的人员都应能够随时查阅相关的化学安全数据表（MSDS）。

（2）以下目标分析物已经被试探性地归类为对于人类或哺乳类动物的已知/可疑致癌物：苯、四氯化碳、氯仿、1,4-二氯苯、1,2-二氯乙烷、六氯丁二烯、1,1,2,2-四氯乙烷、三氯乙烯、氯乙烯、1,1,2-三氯乙烷、*N*-二丁基亚硝胺、*N*-二乙基亚硝胺、*N*-亚硝基二甲胺、二丙基亚硝胺和 *N*-亚硝基甲乙胺。应在抽风橱内，操作含上述化合物的纯标准物质和标准储备液，操作高浓度以上物质时，应戴防毒面具（NIOSH/MESA-认证）。

（3）本方法用液氮作为冷却液。液氮会灼伤暴露的皮肤，应小心使用，使用时应戴隔热手套或使用钳子。

3.6 设备与耗材

本方法提及的商标及商品名称只被用于解说性的意图，EPA 对于其使用不提供质量担保或排他性的建议。EPA 8261 方法中引用的产品和仪器及其设定模式在发展方法过程中被使用，之后经过相应机构评估。本方法列举以外的玻璃仪器、试剂、耗材、设备及其设定也可使用，只要其方法被证明适合预期的用途及已经备案。

本节未列出常用的实验室玻璃仪器（如烧杯、瓶）。

3.6.1 微型注射器

10 μl、25 μl、100 μl、250 μl、500 μl、1000 μl，均带有内径 0.006 in 的针头。

3.6.2 注射器

5 ml 和 10 ml 气密针，带有 Luer Lock 针头。

3.6.3 天平

3.6.3.1 可准确称量 0.0001g 的分析天平

3.6.3.2 可准确称量 0.1g 的常量天平

3.6.4 天平砝码

S 级不锈钢码，重量从 5 mg 到 100 g。

3.6.5 样品瓶

100 ml 硼硅酸盐材质的样品瓶，球形瓶身带有内径 15 mm 的硼硅酸盐材质的 O 型垫圈接头（或等效物品），需要能承受 10 mtorr 真空压力而不爆裂。样品瓶储存样品时应使用 O 型圈密封，配有内径 15 mm 的连接帽，用弹力夹固定。

3.6.6 真空蒸馏装置（附图1）

基本装置包括带冷凝管的样品室，冷凝管上方连接加热的六通阀（V4），样品阀连接以下几个部件：冷凝器（通过真空泵阀门 V3）、真空泵、低温捕集冷阱、气相色谱/质谱仪。

六通阀（V4）应该被加热到至少 120℃，防止样品冷凝和交叉污染。

（1）冷凝器在两个不同的温度区间运行，较低的温度是 5～10℃，较高的温度为大于 45℃。低温是为了使水凝结，并且使通过内表面的温度保持一致。冷凝器加热到较高的温度，是为了除去水和潜在的污染物。最初始的装置在参考文献[9]中有描述，使用循环流体控温（附图 1），也可用其他控温手段。

（2）装置需加热到适当的温度，防止分析物在冷凝器壁、阀门和连接处凝结。从样品阀到气相色谱仪的传输线路需要加热，温度介于 150℃至 GC 升温程序的最高温度之间。

（3）应全面监控系统的真空度，不适当的阀座密封或错误操作会导致压力读数的升高。

（4）蒸馏液被内径为 1/8 in 的不锈钢冷阱捕集。当冷凝器温度不足以满足捕集水分要求或样品包含大量的挥发性有机物时，管路可能堵塞。这类问题可通过真空蒸馏记录文件中的压力读数骤降而诊断出来。

（5）所有仪器应被证实其性能符合预期用途的要求（表 3-9～表 3-10）。

3.6.7 气相色谱/质谱仪系统

（1）气相色谱仪。一个完整的分析系统包括有具备升温程序的气相色谱仪和其他必需的附件，包括注射器、色谱柱和气体。

（2）色谱柱。本小节所列的色谱柱是在制定本方法过程中使用的，本方法无意排除使用其他现有或以后开发出的色谱柱，实验室在使用此色谱柱或其他色谱柱时，提供方法性能数据（如色谱分离度、分析物分解、灵敏度等）符合预期用途的要求。

内径 60 m×0.53 mm，膜厚 3.0 μm，VOCOL 熔融石英毛细管柱（Supelco，Bellefonte，PA）或等效柱。

（3）质谱仪。可以扫描从 35～350 amu① （或更少），使用电子撞击（EI）模式，（一般情况）采用 70eV 的离子化能量，将 50 ng 4-溴氟苯（BFB）注入气相色谱后产生的质谱图符合附表 1 所列的标准。

（4）气相色谱/质谱仪接口采用加热喷射式分子分离器——加热的玻璃喷射式分子分离器接口应能从宽口毛细柱出口端移出 10～40 ml/min 的氦气。接口应可加热到 100～220℃。

3.6.8 液氮罐

Dewars，或其他适用于冷阱和样品环的罐子。

① 1amu = 1Da≈1.66054×10^{-27}kg。

3.7 试剂和耗材

3.7.1 试剂

测试中所有使用的化学品应该是化学纯。除非特别声明，所用试剂应尽量符合美国化学学会分析试剂委员会认定的标准，若使用其他等级试剂，需确保其足够纯净，防止降低测定的准确性。试剂应存储在玻璃容器中，防止塑料容器浸出污染物。

3.7.2 不含有机物的试剂水

本方法提及的水均是不含有机物的试剂水，如 EPA 5021 方法中的定义。

3.7.3 甲醇

吹扫捕集级别或同级品，其储存应远离其他溶剂。

3.7.4 标准溶液

接下来描述如何准备目标化合物的储备液、中间体和工作标样。本方法只提供一个范例，其他目标化合物的浓度如果符合预期用途也可以被使用（参见 EPA 8000 方法中制备校准标准液的附加信息）。

储备液可以用纯净的标准物质制备或直接购买经认证的标准溶液。储备液以甲醇为溶剂，使用适宜的经验证过的液体或气体。

①将大约 9.8 ml 的甲醇装入去皮重的 10 ml 磨口玻璃容量瓶。将容量瓶平置，开盖，静置约 10 min 或其表面的甲醇染湿风干。称量整个容量瓶，精确到 0.1 mg。

②按以下的描述添加化验过的标准物质。

液体：使用 100 μl 注射器，立即添加两滴或更多滴标准物质，然后重新称量。液体必须直接滴入甲醇而不碰触容量瓶瓶颈。

气体：对于沸点低于 30℃的化合物的标准溶液（如溴化甲烷、氯乙烷、氯甲烷或氯乙烯），将参照标准抽入带阀的 5 ml 气密注射器至 5.0 ml 的刻度。使针尖降低至甲醇弯月液面上方 5 mm 处，将参照标准慢慢引入甲醇表面。重气体会迅速溶于甲醇。标准溶液也可以用一个带隔膜的细压缩气瓶来制备，将聚四氟乙烯(PTFE)

管连接至泄压阀的侧臂，将轻微的气流导入甲醇弯月液面。

③重新称重，稀释至体积刻度，盖上盖子，将容量瓶上下倒置数次以使得溶液混合均匀。通过增加的净重来计算浓度，单位为微克每微升（μg / μl）。当化合物纯度化验为 96%或更高时，可以不用校正直接用于计算储备液的浓度。也可以使用通过制造商或独立第三方认证其他浓度的商业性制备储备液。

④将储备液转移到带 PTFE 垫片旋盖式封口瓶中（PTFE-sealed screw cap bottle）。在尽可能保持最小的顶空空间的情况下，避光储存在-20～-10℃环境内。

⑤气体标准液必须每两个月重新制备。活性化合物如 2-氯乙基乙烯醚和苯乙烯等，可能需要更频繁地制备。所有其他标准液应每六个月更换，如果与确认标准溶液比较显示有问题，则应该更频繁地更换。

3.7.5 二级稀释标准液

用甲醇对储备液进行二次稀释，制备含目标化合物的标准溶液，无论单标或混标。二级稀释标准液尽量保持最小的顶空空间，并经常检查其是否有降解及挥发的迹象，特别是在标线配置之前。

3.7.6 替代物

本方法采取在每一样品分析前加入替代物来监测和校正基体效应，如气液分配和凝结等。附加替代物被用于监控替代物校正的有效性。替代物的具体使用将在后面的章节中描述。附表 6 中提供了额外的信息，含有所有替代物的储备液应按该表所列的浓度（15～150 ng / ml）溶于甲醇中。每个样本在分析前应加入 5 μl 替代物加标液。

3.7.6.1 气液分离替代物（*α*-替代物）

被推荐用作 *α*-替代物的化合物见表 3-2。

表 3-2 *α*-替代物推荐

化合物中文名	化合物英文名
六氟苯	Hexafluorobenzene
五氟苯	Pentafluorobenzene
氟苯	Fluorobenzene

续表

化合物中文名	化合物英文名
1,4-二氟苯	1,4-Difluorobenzene
邻二甲苯-D_{10}	*o*-Xylene-D_{10}
氯苯 D_5（也用于 β-替代物）	Chlorobenzene-D_5
1,2-二氯乙烷-D_4	1,2-Dichloroethane-D_4
1,2-二氯溴烷-D_4	1,2-Dibromoethane-D_4
乙酸乙酯-$^{13}C_2$	Ethyl acetate-$^{13}C_2$
丙酮-D_6	Acetone-D_6
1,4-二氧己环-D_8	1,4-Dioxane-D_8
吡啶-D_5	Pyridine-D_5

3.7.6.2 凝结替代物（沸点或 β-替代物）

被推荐用作 β-替代物的化合物见表 3-3。

表 3-3 β-替代物推荐

化合物中文名	化合物英文名
甲苯-D_8	Toluene-D_8
氯苯-D_5（也用于 α-替代物）	Chlorobenzene-D_5
溴苯-D_5	Bromobenzene-D_5
十氟联苯	Decafluorobiphenyl
1,2,4-三氯苯-D_3	1,2,4-Trichlorobenzene-D_3
1,2-二氯苯-D_4	1,2-Dichlorobenzene-D_4
1-甲基萘-D_{10}	1-Methylnaphthalene-D_{10}

3.7.6.3 附加替代物

分析附加替代物（additional surrogates，已核实的替代物）是为了对基体校正的有效性进行监控，以下给出推荐的已核实的替代物，用来评估真空蒸馏的效果。

（1）苯-D_6、1,1,2-三氯乙烷-D_3 和 1,2-二氯丙烷-D_6 沸点低、易挥发，其回收率可用于有效表示大多数分析物的“相对挥发度—回收率”关系。

（2）二氯甲烷-D_2 类似于苯-D_6 和 1,2-二氯丙烷-D_6[见 3.7.6.3（1）]，但其对

过量的甲醇更加敏感，如果该分析物回收率低，则表示有大量的极性溶剂存在于样品中。

（3）乙醚-D_{10}是一种易挥发、沸点低、与甲醇共流出的替代物，当甲醇的浓度开始影响 GC / MS 测定时，可使用乙醚-D_{10}。

（4）4-溴-1-氟苯和萘-D_8 有较高的沸点，其回收率用于修正在此沸点范围内的分析物。

（5）乙酰苯-D_5和硝基苯-D_5是沸点较高、挥发性较低的物质，其回收率用于修正挥发性较低的分析物。

（6）丙酮-D_6用于检查替代物修正挥发性较低的分析物的情况。

（7）乙酸乙酯-$^{13}C_2$ 是一种挥发性较低的物质，在某些介质中会降解，回收率也会受到甲醇的影响，其回收率可以用于指示其他替代物。

（8）吡啶-D_5 是替代物中挥发性最低的，其回收率可以很好地指示该方法的极限。吡啶-D_5 对不同的基体非常敏感，当其他替代物回收率较高时，吡啶-D_5 的回收率可能会很低。

3.7.7　4-溴氟苯标准溶液

制备浓度为 25 ng/μl 的 BFB 甲醇标准溶剂。如果质谱的灵敏度较高，可达到较低的检出限，则可能需要制备浓度较低的 BFB 标准溶液。

3.7.8　校准曲线

将储备液进行二次稀释，配制至少 5 种不同浓度的标准溶液。用试剂水或吹扫级甲醇稀释制备这些溶液。至少有一个标准溶液的浓度在样品的浓度以下，以满足数据质量的要求。标准溶液的浓度应涵盖典型样品中已发现的浓度范围，但不要超过 GC / MS 的工作范围。校准标准溶液应在最小顶空下封存在样品瓶中，在-20～-10℃条件下冷藏保存时间小于一周。

（1）EPA 的本意是在进行某项分析时所有的目标分析物都已经包括在校准溶液中，这些目标分析物无需包括本方法已验证的全部分析物（见 3.1 节）。但无论如何，对于校准曲线中没有包含的目标分析物，实验室不应给出任何定量结果。

（2）校准曲线应包含用于分析的替代物。

3.7.9 标准溶液的储存

标准溶液应小心处理以确保其可靠，所有标准溶液应储存于聚四氟乙烯内垫的旋盖式或压盖式棕色玻璃瓶中，于-20～-10℃条件下冷藏。

3.7.10 液氮

用于使冷阱降温（附图 3-1），参考文献[9]中涉及的冷凝器的降温。

3.8 样品收集、保存和处理

（1）见 3.4 节的介绍材料——有机分析物。

（2）水质样品应该存储在没有顶空空间或顶空空间很小的容器中，以减少高挥发性化合物的损失。

（3）用于分析挥发性化合物的样品应该与标准物质和其他样品分开储存。

3.9 质量控制

（1）参考 3.1 节的质量保证（QA）和质量控制（QC）规则的指导。当 QC 指导存在不一致时，方法专有 QC 指标（method-specific QC criteria）优先于技术专有 QC 指标（technique-specific criteria）和 3.1 节中给出的指标，同时技术专有 QC 指标优先于 3.1 节指标。所有涉及分析数据收集的工作应包括发展一套结构化、系统化的计划文件，如质量保证项目计划（quality assurance project plan，QAPP）或采样分析计划（sampling and analysis plan，SAP），以便将项目目的和说明转化为执行项目和评估结果的指南。每个实验室都应维持一个规范的质量管理程序。实验室还应保持原始记录以保证数据质量。所有数据表格和质量控制数据都应妥善保管以备查阅或检查。

（2）专有的测定方法的 QC 程序可查阅 EPA 8000 方法。确保恰当操作各种样品制备技术的 QC 程序可查阅方法 EPA 3500 方法。适当的萃取净化 QC 程序可查阅 EPA 3600 方法。本方法提供的更多的针对性的 QC 程序应取代 EPA 8000 方法、EPA 3500 方法或 EPA 3600 方法中的相应内容。

（3）关于评估 GC 系统操作的相关质量控制步骤可以查阅 EPA 8000 方法，包括评估保留时间的窗口和校准验证[①]。另外，有关仪器 QC 要求的讨论可以在本方法中的下列章节中找到：

①在 3.11.3 节和 3.11.8 节步骤（1）中分别提到，在初次校准之前和分析过程中的每 12 小时周期，GC / MS 应被调谐至符合附表 1 中的 BFB 指标。

②根据 3.11.4 节的描述，GC / MS 需进行初次校准，初次校准的数据应按照 3.11.5～3.11.7 节的描述进行评估。

③GC / MS 系统应符合 3.11.8 节中有关校准验证[②]的可接受标准。

（4）可靠性初始证明：每一个实验室都应论证样品制备和测定方法组合用在干净基体中的目标分析物产生合格准确度和精确定的初始可靠性。如果用自动进样器来进行样品稀释，实验室应让其稀释效果达到或高于有经验的分析人员手工稀释的效果。实验室应在新人员培训和仪器重大改换时重复证明可靠性。请参阅 EPA 8000 方法中如何完成此类证明的信息。

（5）样品制备和分析的质量控制：实验室应有一套程序来证明方法性能（精确度、准确度和检出/定量限）的效果，最少应分析 QC 样品，包括空白分析、每一分析批次的实验室控制样品现场替代物加标样品和 QC 样品的替代物加标。所有试剂空白、基体加标样品和平行样（replicate samples）应按照实际样品采用相同的步骤（3.11 节）。

①首先，在处理样品前，分析人员应验证设备所有接触样品和试剂均不含有干扰物。此项需通过空白分析来完成。作为连续检查，在萃取、净化、分析每一批次的样品，以及改变试剂的时候，应制备试剂空白测定其中的目标化合物，作为安全保障以防止实验室后续污染。如果可能的话，在处理样品之前，如果在任何分析物的保留时间窗口内观察到峰值，必须停止测定，确定其来源并消除它。试剂空白应进行样品制备和样品分析的各个步骤。当收到新的试剂或化学药品时，实验室应按照样品分析步骤监控试剂空白的制备和测定，以发现任何污染的迹象。如果在以前的测试中没有显示污染源的问题，则不必在样品制备之前测试每一批新的试剂或化学物质。然而，如果在制备时更换试剂，需要加做试剂样品。

②替代物加标样品用于记录样品基体对整体分析的影响。因此，使用基体加标/基体加标平行不是必须要做的。

① 原文为 calibration verification，根据 3.11 节的描述，即常说的连续校准。
② 原文为 calibration verification，根据 3.11 节的描述，即常说的连续校准。

③每个批次的样品都应该包含实验室控制样品。LCS 是一个与样品基体相似的干净（控制）基体，与样品基体同质量或同体积。如果样品替代物加标回收率表示样品基体可能出现问题时，LCS 结果用于证明实验室可以进行干净基体的分析。参见 EPA 8000 方法关于 LCS 的可接受标准信息。

（6）替代物回收率：个别样品应与替代物加标回收率控制范围进行比较，用以评估替代物加标回收率数据。参见 EPA 8000 方法中关于替代物加标回收率控制范围。基体效应和蒸馏性能可通过使用替代物加标进行分别监测。使用“α-替代物”和“β-替代物”来校正基体效应的有效性，可使用 3.7.6.3 节中已核实的替代物（check surrogates）来监控。

（7）分析人员关于气相色谱/质谱分析的经验对方法的成功进行是非常宝贵的。每天进行分析时，校准标准溶液验证应进行评估[①]，以确定色谱系统是否正常工作。应该评估以下问题：得到的峰值看起来正常吗？响应是否可与之前校准的相媲美？仔细检查标准色谱图，证明所选色谱柱是否可接受，注射器是否泄漏，进样口隔垫是否需要更换，等等。如果系统有任何变化（如色谱柱的改变），必须重新校准系统。

（8）建议实验室使用此方法时，采用额外的质量保证措施。最有成效的做法取决于实验室需求与样品的性质。可能的话，实验室应分析标准参考材料（standard reference materials），并且参与相关的性能评估研究。

3.10 校准和标准化

参考 3.11.4 节校准和标准化的信息。

3.11 步骤

3.11.1 样品制备

在方法的灵敏度能够满足项目需求的情况下，其他体积或容量的样品也可采用。考虑到固有的回收校正（inherent recovery correction），改变样本大小不需要重新校准仪器。

① 评估连续校准是否通过。

3.11.1.1　水样

快速转移 5 ml 样品到蒸馏烧瓶中，注意转移过程中不要产生气泡搅动样品。向样品中添加 10 μl 替代物加标溶液，将蒸馏瓶连接蒸馏装置。

3.11.1.2　固体和土壤样品

为了减少目标分析物的损失，在尽可能少接触空气的情况下从样品收集装置转移约 5 g 样品进入称过皮重的样品室，立即盖上瓶盖。称重后迅速打开瓶盖且在样品瓶中加入 10 μl 替代物加标溶液，将蒸馏瓶连接蒸馏装置。更多关于挥发有机物样品采集和处理过程的信息可参考 EPA 5035 方法。

注意：由于需要盖上瓶盖称重，去皮重量应包括样品瓶和瓶盖。样品重量为样品总重量减去瓶和盖的重量。

（1）测定干重百分比。当样品测定的结果需以干重计算，鱼肉组织，需另取 5～10 g 样品。

注意：烘箱应配有抽风罩或排气口。烘烤重污染样品往往是造成严重实验室污染的原因。

烘干含水样品可在 105℃下烘烤过夜，在干燥器中冷却后称重，按 3.11.11（6）计算干重百分比。

（2）如果必要，应至少多采集一个样品，用于高浓度分析。

3.11.1.3　生物组织

新鲜生物组织样品应切碎至样品可以通过样品瓶瓶颈，为此在处理生物组织样品前，最好用液氮将样品冷却。含有叶片的植物样品和其他质地较软的生物样品可用干净的剪刀剪碎。称量 5 g 样品快速转移至蒸馏烧瓶中，向样品中添加 10 μl 替代物加标溶液，将蒸馏瓶连接蒸馏装置。

3.11.1.4　油样品

称量 0.2 ～1.0 g 的油样并快速转移至蒸馏烧瓶中，向样品瓶中添加 10 μl 替代物加标溶液，将蒸馏瓶连接真空蒸馏装置。

3.11.2 操作条件

设置真空蒸馏装置和 GC/MS 的运行条件，可用以下信息中的设置参数作为指导，可根据选择性和灵敏度优化方法，一旦方法确定，所有的分析，包括校准、试剂空白和样品都应使用同样的方法进行处理。

3.11.2.1 建议真空蒸馏操作条件

建议真空蒸馏操作条件如表 3-4 所示。

表 3-4 真空蒸馏操作条件

操作条件	参数
冷凝器①	-5～5℃
冷凝器烘烤	95℃
低温冷阱	<-150℃
低温冷阱解吸①	100～150℃
低温冷阱烘烤	200℃
多通阀温度	150～200℃
到 GC 的传输线	150～200℃
系统和自动进样器传输线	95℃
真空蒸馏时间	7.5 min
传输时间①	3～6 min
氮吹水凝器（nitrogen flush condenser of water）	7 min
系统冲洗周期	16
氮气入口时间	0.05～0.1 min
排放时间	1.2 min
样品记录②	每 15 s

①根据供应商的说明书进行真空装置参数优化。
②自动记录所有系统数据的时间。

3.11.2.2 建议 GC/MS 操作条件

建议 GC/MS 操作条件如表 3-5 所示。

表 3-5 建议 GC / MS 操作条件

操作条件	参数
电子能源	70 eV（一般）
质量范围	38～270 u
扫描时间	8 扫描点/峰，但不超过 3s/次
Jet separator temperature	210℃
传输线温度	280℃
进样口温度	240℃
进样口压力	10 psi
初始柱温	10℃
初始柱温保持时间	3.0 min
升温程序# 1	50℃/min 升到 40℃
升温程序# 2	5℃/min 升到 120℃
升温程序# 3	20℃/min 升到 220℃
色谱柱最终温度	220℃
最终温度保持时间	3.4 min

3.11.3 调谐

初始校准前，GC / MS 系统需注入 5～50 ng 4-溴氟苯 BFB（2-μl BFB 标准溶液），GC / MS 系统的硬件调谐满足附表 1 中的指标后，才能进行下一步分析。

3.11.4 初始校准

类似吹扫捕集技术，初始校准是通过整个蒸馏和分析步骤来加载校准溶液。

（1）向蒸馏瓶中加入 5 ml 试剂水，向水中加入合适的标准物质和替代物，将蒸馏瓶重新连接蒸馏装置。

（2）按 3.11.10 完成真空蒸馏，将蒸馏液导入 GC / MS。

（3）其他校准标准溶液重复同样的步骤。

（4）按照 3.11.11，用 5 个浓度标准溶液完成标准曲线，计算每个目标物和替代物分别在 5 个原始校准标样点的校准曲线因子（CF），用外标法定量（参见 EPA 8000 方法）。

3.11.5 系统性能检查化合物（SPCCs）

使用初始校准数据前应进行系统性能检查，通常使用替代物氯苯-D_5、1,2-二氯苯-D_4、四氢呋喃-D_8用作参考化合物，其他分析物（SPCCs）与参考化合物进行比对来评估其相对响应，保证系统对附表 2 中给出的分析物有足够灵敏度。每个在校准标准溶液中的 SPCC 的相对响应值（RR）用 3.11.11 节步骤（2）描述的方法来计算。

有4类化合物可使用此方法进行测定。第 I 类为沸点一般低于160℃且α-值（或 K 值）低于 50 化合物（如永久性气体和挥发性化合物）；第 II 类为沸点大于 160℃化合物（如天然半挥发性化合物）；第III类为 α-值大于 50 的化合物（如水溶性挥发物）；第IV类为易降解的、灵敏度低的碱性化合物(the basic compounds)（如碱性半挥发性化合物）。

（1）第 I 类化合物通过对氯甲烷、1,1-二氯乙烷、三溴甲烷、1,1,2,2-四氯乙烷 4 个化合物（第 I 类化合物的 SPCCs）最小平均响应与氯苯-D_5响应的相对值来检查化合物的不稳定性和监测由于系统管线受污染或活性点造成化合物的降解。问题包括：

①氯甲烷在低温冷阱冷却不充足或系统漏气的情况下容易发生损失。

②三溴甲烷在未达到要求真空度或出现重大冷点的情况下回收率低。

③1,1,2,2-四氯乙烷和 1,1-二氯乙烷在蒸馏装置或在被污染的系统中可能发生降解。

④I 类 SPCCs 的最小平均相对响应值如表 3-6 所示。

表 3-6 I 类 SPCCs 的最小平均相对响应值

氯甲烷	0.05
1,1-二氯乙烷	0.10
三溴甲烷	0.10
1,1,2,2-四氯乙烷	0.30

（2）第 II 类化合物通过六氯丁二烯、2-甲基萘两个化合物（第 II 类化合物的 SPCCs）的最小平均响应与 1,2-二氯苯-D_4 响应的相对值来监测。

①六氯丁二烯在系统存在冷点时易损失，在系统污染的情况下易降解。

②2-甲基萘对冷点和系统污染非常敏感。

③II 类 SPCCs 的最小平均相对响应值如表 3-7 所示。

表 3-7　II 类 SPCCs 的最小平均相对响应值

六氯丁二烯	0.30
2-甲基萘	0.30

（3）第Ⅲ类化合物通过 1,4-二氧己环、吡啶两个化合物（第Ⅲ类化合物的 SPCCs）最小平均响应与四氢呋喃-D_8 响应的相对值来监测。

①1,4 -二氧己环在系统真空度不够的情况下会损失，色谱系统不佳也会导致其响应降低。

②吡啶在系统真空度不够、系统受污染情况下容易发生损失，如果冷冻环中有大量的水也会降低其相对响应值。

③Ⅲ类 SPCCs 的最小平均相对响应值如表 3-8 所示。

表 3-8　Ⅲ类 SPCCs 的最小平均相对响应值

1,4-二氧己环	0.10
吡啶	0.10

（4）第Ⅳ类化合物通过苯胺、*N*-二甲基亚硝胺、*N*-亚硝基二乙胺等化合物（第Ⅳ类化合物的 SPCCs）的最小平均响应与四氢呋喃-D_8 响应的相对值来监测。

①每一种Ⅳ类 SPCCs 在系统真空度不够、系统受污染、有活性点的情况下非常容易发生损失，色谱系统不佳也会使其相对响应值降低。

②Ⅳ类 SPCCs 的最小平均相对响应值如表 3-9 所示。

表 3-9　Ⅳ类 SPCCs 的最小平均相对响应值

苯胺	0.010
N-二甲基亚硝胺	0.005
N-亚硝基二乙胺	0.010

3.11.6　在校准检查化合物（calibration check compound，CCC）

数据被评估后，初始校准数据才能使用。同 SPCC 标准一样，CCC 标准同样基于四类化合物（I、II、III 和 IV）。用外标法步骤测出每一化合物的校正因子（calibration factors），CCCs 则通过基于校正因子的相对标准偏差（RSD）来做评估，见 3.11.11（4）描述的用初始校准曲线计算每一化合物的标准偏差（standard deviation）和相对标准偏差（RSD）。

（1）第Ⅰ类化合物的校准检查化合物（CCCs）是：氯乙烯、氯仿、甲苯、乙苯、1,2-二氯乙烷和溴苯。

操作中，计算第Ⅰ类化合物的 CCC 的相对标准偏差（RSD）最好≤20%，必须≤35%。

（2）第Ⅱ类化合物的校准检查化合物（CCCs）是：1,3-二氯苯、1,2,3-三氯苯、萘。

操作中，计算第Ⅱ类化合物的 CCC 的相对标准偏差（RSD）最好≤25%，必须≤35%。

（3）第Ⅲ类化合物的校准检查化合物（CCCs）是：4-甲基-2 戊酮、甲基丙烯腈、1,4-二氧己环。

操作中，计算第Ⅲ类化合物的 CCC 的相对标准偏差（RSD）最好≤20%，必须≤35%。

（4）第Ⅳ类化合物的校准检查化合物（CCCs）是：*N*-亚硝基甲乙胺和 *N*-亚硝基二丙胺。

操作中，计算第Ⅳ类化合物的 CCC 的相对标准偏差（RSD）最好≤35%，必须≤45%。这类物质最好使用二次校准曲线。

（5）如果任何一个 CCC 无法符合 3.11.6.1～3.11.6.4 节所列任何一个指标，应采取纠正措施去除掉系统漏气和/或色谱柱活性点，再重新做校准。

3.11.7　初始校准曲线的线性

（1）若任一化合物校准因子的相对标准偏差（RSD）为 20%或更少时，可以认为仪器的响应在标准曲线范围之内是稳定的，平均校准因子可用于定量，见 3.11.11 节步骤（3）和 3.11.11.8 节步骤（5）。

（2）若任一化合物校准因子的相对标准偏差（RSD）大于 20%，参考 EPA 8000 方法的各种选择做非线性校准处理，选择一种用于 GC / MS 的校准，或者重新再做一次初始校准。

（3）当 RSD 超过 20%时，标准曲线的绘制和目视检查可以是有用的诊断手段，可以对一些问题进行有效的判断，如标准样品配制的错误、气相系统活性点的存在、分析物表现出较差的色谱行为等。

注意：RSD 用作测量每一种化合物的响应度的线性，与 3.11.6 节中的 CCC 标准无关。如果 CCC 符合标准，则初始校准的结果可用于计算随后的样品结果。无论如何，每一种分析物的计算应该考虑该分析物校准因子的线性，以决定选择 EPA 8000 方法中的哪一种校准方法。

3.11.8 校准验证①（calibration verification）

初始校准曲线应在样品分析的每 12 小时进行一次验证，根据 3.11.4 节步骤（1）～步骤（5）描述的步骤进行初始校准曲线中间浓度的标准溶液验证。

（1）在分析标准溶液、试剂空白或样品之前，用与样品相同的方法，注射或引入 5～50 ng 的 4-溴氟苯（BFB）标准溶液进入 GC / MS 系统。BFB 的质谱谱图关键离子应符合附表 3-4 的丰度标准，再进行样品分析。这些标准在分析样品过程中应该每 12 小时检验一次。

（2）每一个化合物的初始校准曲线（见 3.11.4 节）在分析过程中应每 12 小时使用样品的进样方法验证一次，通过分析一个接近 GC / MS 工作范围中间浓度或接近该项目实际水平（action level）的校准标准溶液，同时根据 3.11.8（3）和 3.11.8（4）节的描述对 SPCCs 和 CCCs 进行检验。

注意：在分析校准标准溶液之前，应先做一个空白分析以确认整个系统（进样装置、运输管路和 GC / MS 系统）未被污染。

①对于每一个校准验证标准溶液中的分析物，根据 3.11.11 节步骤（1）的描述计算校准因子，根据 3.11.11 节步骤（2）的描述计算校准验证标准溶液中每种 SPCC 的相对响应。

②根据 3.11.8 节步骤（3）和 3.11.8 节步骤（4）的描述评估 SPCCs 和 CCCs。在校准未被验证之前不应进行样品分析。

（3）系统性能检查化合物（SPCCs）：每 12 小时分析一次，必须系统性能检查。校准验证标准溶液中的每一种 SPCC 化合物应满足最低的响应因子[参见 3.11.5 节步骤（1）～3.11.5 节步骤（4）]，这与初始校准的检查是一致的。如果最低响应因子无法满足，应评估整个系统，并且在分析样品之前采取纠正措施。可能的问题包括标准混合物降解、进样口被污染、分析柱前端被污染、柱子或色谱系统

① 即常说的连续校准。

中有活性点。样品分析前，此检查必须通过。

（4）校准检查化合物（CCCs）：

①系统通过性能检查之后，11.6.1～11.6.4 节所列的 CCCs 被用来验证初始校准的有效性。根据 11.11.5 节的描述来计算百分比差（percent difference）。

②如果Ⅰ类和Ⅱ类每个 CCC 化合物的百分比差不超过 35%，Ⅲ类不超过 40%，Ⅳ类不超过 45%，则初始校准被认为是合格的，分析可以继续。如果任何一个 CCC 不符合标准，则应在分析样品前采取纠正措施。

③影响 CCCs 的问题与影响 SPCCs 所列的问题类似。如果问题无法通过其他措施改正，应重新做一个 5 点的初始校准曲线。进行样品分析之前必须通过 CCC 标准。

3.11.9 检查与纠正

在获得数据的过程中或之后，应马上进行替代物的响应和保留时间评估。如果保留时间与前一次校准验证[①]（12 h）比较，漂移超过 30 s，需检查色谱系统是否有故障，如果有故障，需要按要求做校正。如果任何替代物的提取离子色谱图的面积（extracted ion current profile，EICP）面积相对于前一次校准验证标准超出 -50%～100%的范围时，应检查质谱是否有故障，并进行适当校正，做完校正后，有必要对故障期间分析的样品做重新分析。

3.11.10 分析

（1）真空蒸馏装置应按照供应商的说明进行操作。所有的连接处应确认完好和密封。

注意：如果使用 Pirani 压力计，蒸馏 5 min 后，真空泵处的压力计应显示 ≤0.3 torr。如果无法达到该压力，可能系统已出现泄漏，蒸馏可能失败。用蒸馏替代物来进行评估蒸馏是否合格。

（2）建立数据系统以获得数据文件。此项可在 3.11.10 节步骤（1）之前完成。蒸馏时间可能因为样品基体而各异，蒸馏完成时，数据系统应准备好，并且 GC 炉应该处于平衡状态。

（3）GC / MS 分析应在蒸馏完成后立刻进行。将蒸馏液导入 GC / MS 并

① 原文为 calibration verification，根据 3.11.8 节的描述，即常说的连续校准。

获取 GC / MS 数据。

（4）一旦信号开始收集，样品室的阀可以关闭且样品瓶可以移开。

3.11.11 数据分析和计算

本方法使用的定量程序与 EPA 8260 方法（使用 EPA 5032①方法的样品预处理）所用的很不一样。EPA 8260 方法使用一个内标来校正某一分析物的进样/预处理，而本方法用一系列的替代物来明确化合物回收率与其本身性质的关系，这些关系用来推断目标化合物的回收率。目标化合物和替代物用外标法进行计算。样品中的分析物浓度通过以下三个因素来测定：预测分析物的回收率、样品量和质谱测定到的样品质量。化合物回收率与其本身性质的关系通过使用多种替代物来明确，该关系的误差可计算出来，并用作分析物数据准确性的指示。其他未被测定的分析物的定量限也可以被校正，用来反映基体效应。

这里提到的定量算法和序列可在美国环保局（EPA）网页获取（http://www.epa.gov/nerlesd1/chemisty/vacuum/default.htm）。其中展示的定量程序是通过估算 β-替代物的 α-效应，计算出沸点效应，然后计算出相对挥发效应的逐步过程。计算分析物的回收率之后，用回收率和取样量校正质谱测定的质量，从而计算出分析物的浓度。表 3 列出了 α-和 β-替代物。附加的替代物有助于解决基体效应—回收率之间的关系。

其他替代物校正方法在被证明可以改善基体效应评估时也可以使用。大的体积生物样品（大于 10g）可能需要分析人员明确分析物在空气和有机相中的分配。该类方法见参考文献[8]和[9]。

（1）校准因子的计算

与 GC 法常用方法的外标校准步骤类似，质谱的相应可以给出替代物或目标化合物的浓度，通过浓度计算校准因子（*CF*）。

每一目标分析物和替代物的校准因子可用式（3-1）计算：

$$\text{校准因子} = \frac{\text{标准溶液化合物峰面积（或峰高）}}{\text{化合物注入量（ng）}} \tag{3-1}$$

（2）SPCCs 相对响应的计算

相对响应（*RR*）是 SPPC 响应与用作参考的替代化合物（附表 3）的响应的简

① EPA 5032 方法真空蒸馏处理挥发性有机化合物。

单比例，算法如下：

$$RR = \frac{CF_{\text{SPCC}}}{CF_{\text{替代物}}} \tag{3-2}$$

（3）用 3.11.11 节步骤（2）中的（5 个点）初始标准曲线 RR 值，计算每一种 SPCC 的平均 *RR*，如下：

$$\overline{RR} = \frac{\sum_{i=1}^{n} RR_i}{n} \tag{3-3}$$

每一种目标分析物（包括 SPCCs）的平均校准因子计算如下：

$$\overline{CF} = \frac{\sum_{i=1}^{n} CF_i}{n} \tag{3-4}$$

（4）计算初始校准中每一化合物的校准因子的标准偏差（*SD*）和相对标准偏差（*RSD*），如下：

$$SD = \sqrt{\frac{\sum_{i=1}^{n}(CF_i - \overline{CF})^2}{n-1}} \;;\quad RSD = \frac{SD}{\overline{CF}} \times 100 \tag{3-5}$$

其中：

CF_i——每一校准标准溶液的校准因子；

$\overline{CF}$——初始校准标准溶液中每一种化合物的平均校准因子；

n——校准标准溶液的数目，如 5。

（5）通过校准验证和最近一次初始校准的平均校准因子，计算校准因子的百分比差（%*D*），计算如下：

$$\%D = \frac{\overline{CF} - CF_v}{\overline{CF}} \times 100 \tag{3-6}$$

其中：

$\overline{CF}$——初始校准标准溶液的平均校准因子；

CF_v——校准标准溶液验证的校准因子；

（6）适当时，按 3.11.1.2 节称重，并按照式（3-7）计算固体样品的干重百分比。

$$干重百分百/\% = \frac{样品干重（g）}{样品总重量（g）} \times 100\% \tag{3-7}$$

（7）定性分析

本方法通过保留时间，并经过背景校准[①]，通过比较样品质谱与参照物质谱图的特征离子来定性化合物。参照物质谱图应在采用本方法条件的实验室里做出[②]。参照物质谱的特征离子被定义为三个最高强度的离子，在参照物谱图中少于三个这样的离子时，也可用任何相对强度超过 30%的离子。在符合以下指标时化合物可被定性。

①化合物特征离子的丰度在同一扫描或相邻扫描中最大化。通过数据系统目标化合物查找程序来选择一个峰，查找是根据在化合物特定保留时间内，目标色谱峰包含有目标化合物的特征离子，认为符合标准。

②样品化合物的保留时间与标准化合物相差在±30s。

③特征离子的相对丰度与参照物谱图的同样离子的丰度相差不超过 30%（例如：如果标准物谱图的某一离子丰度为50%，则样品谱图的相应的丰度应为20%～80%）。

④结构异构体会产生非常相似的质谱图，如果有较明显的GC保留时间差异，则可确认为不同的化合物（individual isomers）。如果两峰之间峰谷的高度小于两峰高之和的 25%，则认为可以达到有效的 GC 分辨率，否则应确认为同分异构体对（isomeric pairs）。

⑤由于色谱分离不足且质谱图含有多于一种分析物产生的离子，样品化合物的定性会受到影响。当气相色谱峰明显含有多于一种样品成分（如峰展宽，由并肩峰或两个/多个峰之间存在峰谷引起），选择恰当的分析物谱图和背景谱图非常重要。

⑥通过抽取适当的离子，可为分析人员在图谱中选择化合物[③]提供辅助，也可以辅助定性。当分析物共洗脱（只有一个明显的色谱峰）时，如符合确认指标，每一个分析物图谱则含有具有不相干离子的共洗脱化合物[④]。

⑦对于样品中含有的不在校准标准溶液里的化合物，搜索谱库可以用作初步定性的目的。进行此类定性的必要性应根据分析的意图来决定。谱库搜索程序不

① 即常说的背景扣除。
② 编者认为参照物质谱图是标准曲线时产生的某化合物的色谱图。
③ 当色谱图出现多个峰时，提取合适的特征离子，可以快速定位目标物的保留时间。
④ 用 GC / MS 测定时，总离子流图的一个峰可以包含两个或多个化合物，只要特征离子不同，即可进行定性和定量。

应使用标准化程序，在相互比较时，标准化程序可能歪曲数据库①或得到未知谱图。

例如，RCRA 许可或废物删除必要条件则需要非目标物的报告。只有在将样品谱图和搜索谱库得到的最相似谱图进行视觉比较之后，才能进行初步定性。使用下列准则进行初步鉴定：

①参考色谱图的主要离子（大于基峰峰高 10%的离子）应存在于样品色谱图中。

②主要离子的相对丰度偏差在±20%之内（例如：在标准色谱图中，一个离子的丰度为 50%，相应的样品的离子丰度必须在 30%～70%）。

③参考色谱图的分子离子峰应存在于样品色谱图中。

若一个离子存在于样品色谱图中而不存在与参考色谱图中时，需要检查可能的背景污染和是否存在共流出物。

④若一个离子存在于参考色谱图中而不存在与样品色谱图中时，需要检查是否由于背景干扰或共流出峰的原因，并且从样品色谱图中扣除。数据系统的标准程序有时会产生这些差异。

（8）目标分析物的定量需要 4 个独立步骤：计算 β-替代物的 α-效应，计算沸点效应，计算回收的相对挥发性效应，最后，通过对质谱测量获得的分析物总量进行回收率校正，使其能够体现这三种效应。关于这些效应和后面计算公式的解释可以在参考文献 5 和 6 中找到更详细的信息。

①计算 β-替代物的 α-效应。β-替代物的 α-效应的初始估算是用 α-替代物，氟苯和 1,2-二氯乙烷-D_4（沸点分别是 85℃和 84℃），假设 β-效应在 85℃时被最小化，计算公式如下：

$$\mathrm{In}(R_{\alpha}) = \mathrm{e}^{(c_1+\alpha_{\mathrm{k}})} + c_2 \tag{3-8}$$

其中：

R_{α}——与 α_{k} 值相符的替代物的相对回收率；

α_{k}——替代物的相对挥发度（描述 α-效应对于回收率关系）；

c_1, c_2——实验推导常数（或经验值）（empirical-derived constant）。

β-替代物（甲苯-$D_5$②，氯苯-D_5，溴苯-D_5 和 1,2-二氯苯-D_4）的相对回收率根据其 α-效应做调整（R_{β}=测量回收率/ R_{α}），计算的相对回收率代表化合物与 β-效应相关的相对回收率。类似地，α-替代物（1,2-二氯乙烷-D_4 和 1,4-二氧己环-D_8）被用来修正 β-替代物 1-甲基萘-D_{10} 的 R_{β}。

① 在进行数据库搜索且软件给出错误的匹配物时，分析人员的判断非常重要。

② 此处为甲苯-D_5，而在 7.6.3 节中给出的是甲苯-D_8，究竟是哪种物质能够使用或两种都能使用，还有待核实。

②计算沸点效应。R_β-沸点关系用以下公式描述：

$$R_\beta = (c_3 \times [bp - bp_0]) + c_4 \quad (3\text{-}9)$$

其中：

R_β——与沸点相关的β-替代物的相对回收率；

bp——分析物的沸点；

bp_0——所用溶液中β-替代物的最低沸点；

c_3，c_4——实验推导常数（或经验值）（empirical-derived constant）。

每一分析物通过上式进行计算获得三个解（solutions），这可使得单一β-替代物相对回收率测定误差造成的影响最小化。附表 5 按照分析物的沸点分组给出了解上述公式的β-替代物对。三个R_β值（对于 80～111℃和 220～250℃两个区间，只有两个解）的平均值和标准差作为预期的分析物关于β-效应的相对回收率范围$R_\beta \pm r_\beta$。结果的R_β可用来校正每一个α-替代物测定的相对响应（R_α=测定回收率/R_β）以区分α-效应有关的相对回收率。

③计算相对挥发度对回收率的影响

将有相似α_k值的分析物来进行分组，用α-替代物来校准。同组化合物中处于边界的化合物的α-效应的数据能够最好地描述该组分析物的α-效应，所以α-替代物对用于代表每一个组α_k值范围的两端（如替代物六氟苯和氟苯分别代表α_k值组 0.07～3 的最低端和最高端）。

选择一个低值α-替代物和一个高值α-替代物用于计算该组化合物的相对回收率与α_k值的关系。使用 4 种可能组合的替代物来解式（3-8），每一分析物有 4 个α-效应测定值。使用的公式为

$$\ln(R_\alpha) = e^{(c_1 \times \alpha_x)} + c_2 \quad (3\text{-}10)$$

其中：

R_α——对应α_x值的替代物的相对回收率；

α_x——化合物 X 的相对挥发度（描述α-效应对于回收率关系）；

c_1, c_2——实验推导常数（或经验值）（empirical-derived constant）。

④分析物关于α-效应的预期相对回收率为$\overline{R}_\alpha \pm r_\alpha$。预期总和相对回收率的包括$\alpha$-效应和$\beta$-效应：

$$R_T = \overline{R}_\alpha \times \overline{R}_\beta \quad (3\text{-}11)$$

其中：

$\overline{R}_{\alpha}$——用式（3-10）计算的平均相对回收率；

$\overline{R}_{\beta}$——分析物沸点组中 β-替代物组合用式（3-11）计算的相对回收率平均值；

R_T——预测的总相对回收率。

相关的方差算法为

$$\mathrm{r}_T^{\ 2} = \mathrm{r}_{\alpha}^{\ 2} + \mathrm{r}_{\beta}^{\ 2} \tag{3-12}$$

其中：r 为相对应的相对回收率的标准差。

⑤计算样品浓度

样品浓度的计算分三步。

第一步：分析物的质量（ng）通过质谱测定并用外标法计算如下：

$$\text{质量（ng）} = \frac{(A_{\mathrm{s}})(D)}{\overline{CF}}$$

式中，A_{s}——样品中分析物的峰面积（或峰高）；

D——稀释因子，如果样品或萃取液在分析前已经稀释。如果没有稀释，$D=1$。稀释因子是无单位的；

$\overline{CF}$——初始校准曲线的平均响应因子（面积/ng）。

第二步：相对回收率（R_T）是通过式（3-8）～式（3-12）计算。

第三步：第三步是将测定到的分析物总量用回收率进行校正，再除以实际取样量，如下：

$$\text{浓度} = \frac{\text{分析物测定的量(ng)}}{R_T \times \text{样品量}}$$

对于水样样品，样品量以 ml 为单位，浓度单位为 ng/ml，相当于 μg/L。对于固体样品、油状样品和生物组织，样品量以 g 为单位，得出的浓度为 ng/g，相当于 μg/kg。

根据式（3-12），每一分析物的浓度范围可以计算。

（9）计算核实替代物（check surrogate）的回收率。核实替代物被用来监控分析系统的总体性能。每个核实替代物的回收率的计算与分析物浓度计算相似，通过其他替代物的回收率和样品量来矫正质谱响应，计算如下：

$$\text{回收率} = \frac{\text{核实替代物测定的量(ng)}}{R_T \times \text{核实替代物添加量}}$$

（10）基体校正报告。一幅代表样品基体对分析物回收率的影响的图示可能对评估方法性能非常有用。尽管不是必须的，附图 3-2 提供了一个此类报告的样例。

3.12 数据分析和计算

见 3.11.11 节中关于数据分析和计算的信息。

3.13 方法性能

（1）EPA 8261 方法提供的性能数据和相关信息只作为样例和指导。这些数据不代表本方法的使用者需要达到这些性能标准，而是应以项目特征为基础发展出相应的性能标准。实验室应建立内部质控的性能标准来满足本方法的应用。这些性能数据不作为预期值，也不能用于以实验室认证为目的的绝对质控合格标准。

（2）附表 6 列出三份土壤中目标分析物加标回收率，以及这些加标样的平行回收测定相对误差和替代物回收率的精确度。这些数据只用作指导意图。

（3）附表 7 列出一份油样目标分析物的加标回收率数据。这些数据只用作指导意图。

（4）将目标化合物加入含有盐分、肥皂及甘油的水样中，以测试离子强度和表明活性剂等对 VD / GC / MS 的影响。附表 8 列出关于这些分析的回收数据。这些数据只作指导意图。

3.14 污染防控

（1）污染防控包括任何在操作过程中降低或消除废弃物数量和/或毒性的技术。实验室操作中存在许多污染防控的机会。EPA 致力于将污染物防控作为管理方针的头等大事已经建立了一整套环境管理技术的优选制度。在可行时，实验室人员应使用污染防控技术指明其产生的废弃物，当无法在源头消减废弃物时，鼓励循环利用是次优选择。

（2）关于可能适用于实验室及科研机构的污染防控信息可参考 Less is Better: Laboratory Chemical management for Waste Reduction available from the American Chemical Society's Department of Government Relations and Science Policy, 1155

16th St., N.W.Washington, D.C.20036, http://www.acs.org.

（3）制备标准溶液的体积应该与实验室的应用相协调，以降低需倾倒的过期溶液体积。

3.15 废弃物管理

环保机构要求实验室的废弃物管理应与相应的法律法规相一致，机构推动实验室通过减少并控制所有抽风橱和台面操作的排放以保护空气、水和土地，遵守污水排放许可及法规的书面意义及精神，遵守所有固体和有害废弃物管理法规，特别是有害废弃物识别法和土地倾倒管制法。关于废弃物管理的更多信息，参考The Waste Management Manual for Laboratory Personnel available from the American Chemical Society at the address listed in Sec.14.2.

参考文献

M. H. Hiatt，“Analysis of Fish and Sediment For Volatile Priority Pollutants，” Analytical Chemistry 1981，53 (9)，1541.

M. H. Hiatt，“Determination of Volatile Organic Compounds in Fish Samples by Vacuum Distillation and Fused Silica Capillary Gas Chromatography/Mass Spectrometry，”Analytical Chemistry，1983，55 (3)，506.

United States Patent 5，411，707，May 2，1995. “Vacuum Extractor with Cryogenic Concentration and Capillary Interface，”assigned to the United States of America，as represented by the Administrator of the Environmental Protection Agency. Washington，DC.

Michael H. Hiatt，David R. Youngman and Joseph R. Donnelly，“Separation and Isolation of Volatile Organic Compounds Using Vacuum Distillation with GC / MS Determination，”Analytical Chemistry，1994，66 (6)，905.

Michael H. Hiatt and Carole M. Farr，“Volatile Organic Compound Determination Using Surrogate-Based Correction for Method and Matrix Effects，”Analytical Chemistry，1995，67 (2)，426.

Michael H. Hiatt，“Vacuum Distillation Coupled with Gas Chromatography/Mass Spectrometry for the Analyses of Environmental Samples，”Analytical Chemistry，1996，67(22)，4044-4052.

“The Waste Management Manual for Laboratory Personnel，”American Chemical Society，Department of Government Regulations and Science Policy，Washington，DC.

Michael H. Hiatt，“Analyses of Fish Tissue by Vacuum Distillation/Gas Chromatography/Mass Spectrometry，” Analytical Chemistry，1997，69(6)，1127-1134.

Michael H. Hiatt，“Bioconcentration Factors for Volatile Organic Compounds in Vegetation，” Analytical Chemistry，1998，70(5)，851-856.

附表

附表 1 BFB 离子丰度标准[a]

m/z	相对丰度
50	m/z 95 的 15%～40%
75	m/z 95 的 30%～60%
95	基峰，100%相对丰度
96	m/z 95 的 5%～9%
173	小于 m/z 174 的 2%
174	大于 m/z 95 的 50%
175	m/z 174 的 5%～9%
176	m/z 174 的 95%～101%
177	m/z 176 的 5%～9%

a 选择可以使用的调谐标准（如 CLP 方法 524.2 或制造商的说明），证明该方法的性能不会受到不利影响。

附表 2 挥发性有机物的特征离子

化合物中文名	化合物英文名	CAS No.	特征离子/（m/z）	参考离子
丙酮	Acetone	67-64-1	58	43
乙腈	Acetonitrile	75-05-8	41	41, 40, 39
苯乙酮	Acetophenone	98-86-2	105	—
丙烯醛	Acrolein	107-02-8	56	55, 58
丙烯腈	Acrylonitrile	107-13-1	53	52, 51
烯丙基氯	Allyl chloride	107-05-1	76	76, 41, 39, 78
苯胺	Aniline	62-53-3	66	93
苯	Benzene	71-43-2	78	—
溴苯	Bromobenzene	108-86-1	156	158
溴氯甲烷	Bromochloromethane	74-97-5	128	49, 130
一溴二氯甲烷	Bromodichloromethane	75-27-4	83	85, 127
三溴甲烷（溴仿）	Bromoform	75-25-2	173	175, 254
溴化甲烷	Bromomethane	74-83-9	94	96
2-丁酮	2-Butanone	78-93-3	72	43, 72
正丁基苯	*n*-Butylbenzene	104-51-8	134	91, 92

续表

化合物中文名	化合物英文名	CAS No.	特征离子 /（m/z）	参考离子
仲丁基苯	sec-Butylbenzene	135-98-8	134	105
叔丁基苯	tert-Butylbenzene	98-06-6	134	91, 119
二硫化碳	Carbon disulfide	75-15-0	76	78
四氯化碳	Carbon tetrachloride	56-23-5	117	119
氯苯	Chlorobenzene	108-90-7	112	77, 114
一氯二溴甲烷	Chlorodibromomethane	124-48-1	129	208, 206
氯乙烷	Chloroethane	75-00-3	64	66
氯乙烯	2-Chloroethyl vinyl ether	110-75-8	63	65, 106
氯仿	Chloroform	67-66-3	83	85
氯甲烷	Chloromethane	74-87-3	50	52
2-氯甲苯	2-Chlorotoluene	95-49-8	126	91
4-氯甲苯	4-Chlorotoluene	106-43-4	126	91
1,2-二溴-3-氯丙烷	1,2-Dibromo-3-chloropropane	96-12-8	157	75, 155
二溴甲烷	Dibromomethane	74-95-3	174	93, 95
1,2-二溴甲烷	1,2-Dibromomethane	74-95-3	107	109
1,2-二氯苯	1,2-Dichlorobenzene	95-50-1	146	111, 148
1,3-二氯苯	1,3-Dichlorobenzene	541-73-1	146	111, 148
1,4-二氯苯	1,4-Dichlorobenzene	106-46-7	146	111, 148
顺-1,4-二氯-2-丁烯	*cis*-1,4-Dichloro-2-butene	764-41-0	75	75, 53, 77, 124, 89
反-1,4-二氯-2-丁烯	*trans*-1,4-Dichloro-2-butene	110-57-6	53	88, 75
二氯二氟甲烷	Dichlorodifluoromethane	75-71-8	85	87
1,1-二氯乙烷	1,1-Dichloroethane	75-34-3	63	65, 83
1,2-二氯乙烷	1,2-Dichloroethane	107-06-2	62	98
1,1-二氯乙烯	1,1-Dichloroethene	75-35-4	96	61, 63
反-1,2-二氯乙烯	*trans*-1,2-Dichloroethene	156-60-5	96	61, 98
顺-1,2-二氯乙烯	*cis*-1,2-Dichloroethene	156-59-2	96	61, 98
1,2-二氯丙烷	1,2-Dichloropropane	78-87-5	63	112
1,3-二氯丙烷	1,3-Dichloropropane	142-28-9	76	78
2,2-二氯丙烷	2,2-Dichloropropane	594-20-7	77	97
1,1-二氯丙烯	1,1-Dichloropropene	563-58-6	75	110, 77
顺-1,3-二氯丙烯	*cis*-1,3-Dichloropropene	10061-01-5	75	77, 39

续表

化合物中文名	化合物英文名	CAS No.	特征离子/（m/z）	参考离子
反-1,3-二氯丙烯	*trans*-1,3-Dichloropropene	10061-02-6	75	77, 39
乙醚	Diethyl ether	60-29-7	74	45, 59
二异丙醚	Diisopropyl ether (DIPE)	108-20-3	53	88, 75
1,4-二氧己环	1,4-Dioxane	123-91-1	85	87
乙醇	Ethanol	64-17-5	63	65, 83
乙酸乙酯	Ethyl acetate	141-78-6	62	98
乙苯	Ethylbenzene	100-41-4	96	61, 63
甲基丙烯酸乙酯	Ethyl methacrylate	97-63-2	69	69, 41, 99, 86, 114
六氯丁二烯	Hexachlorobutadiene	87-68-3	225	223, 227
2-己酮	2-Hexanone	591-78-6	58	100
碘化甲烷	Iodomethane	74-88-4	142	127, 141
异丁醇	Isobutyl alcohol	78-83-1	74	43, 41, 42
异丙基苯	Isopropylbenzene	98-82-8	120	105
对-异丙基甲苯	*p*-Isopropyltoluene	99-87-6	134	91, 119
甲基丙烯腈	Methacrylonitrile	126-98-7	67	41, 39, 52, 66
甲基叔丁基醚	Methyl *t*-butyl ether (MTBE)	1634-04-4	73	57
二氯甲烷	Methylene chloride	75-09-2	84	86, 49
甲基丙烯酸甲酯	Methyl methacrylate	80-62-6	69	69, 41, 100, 39
1-甲基萘	1-Methylnaphthalene	90-12-0	142	141
2-甲基萘	2-Methylnaphthalene	91-57-6	142	141
4-甲基-2-戊酮	4-Methyl-2-pentanone(MIBK)	108-10-1	100	43, 58, 85
萘	Naphthalene	91-20-3	128	127
硝基苯	Nitrobenzene	98-95-3	123	—
N-二丁基亚硝胺	*N*-Nitrosodibutylamine	924-16-3	84	158
N-亚硝基二乙胺	*N*-Nitrosodiethylamine	55-18-5	102	57
N-二甲基亚硝胺	*N*-Nitrosodimethylamine	62-75-9	74	42
N-亚硝基-二正-丙胺	*N*-Nitrosodi-*n*-propylamine	621-64-7	130	70
N-亚硝基甲乙胺	*N*-Nitrosomethylethylamine	10595-95-6	88	56, 42
五氯乙烷	Pentachloroethane	76-01-7	167	167, 130, 132, 165, 169
2-甲基吡啶	2-Picoline	109-06-8	93	93, 66, 92, 78
丙腈	Propionitrile	107-12-0	54	54, 52, 55, 40

续表

化合物中文名	化合物英文名	CAS No.	特征离子 /（m/z）	参考离子
正丙基苯	*n*-Propylbenzene	103-65-1	120	91
吡啶	Pyridine	110-86-1	79	52
苯乙烯	Styrene	100-42-5	104	78
甲苯	Toluene	108-88-3	92	91
邻甲苯胺	*o*-Toluidine	95-53-4	106	107
1,2,3-三氯苯	1,2,3-Trichlorobenzene	87-61-6	180	182, 145
1,2,4-三氯苯	1,2,4-Trichlorobenzene	120-82-1	180	182, 145
1,1,1-三氯乙烷	1,1,1-Trichloroethane	71-55-6	97	99, 61
1,1,2-三氯乙烷	1,1,2-Trichloroethane	79-00-5	97	83, 85
三氯乙烯	Trichloroethene	79-01-6	130	95, 97, 132
1,1,1,2-四氯乙烷	1,1,1,2-Tetrachloroethane	630-20-6	131	133
1,1,2,2-四氯乙烷	1,1,2,2-Tetrachloroethane	79-34-5	83	131, 85
四氯乙烷	Tetrachloroethene	—	166	129, 131, 164
三氯氟甲烷	Trichlorofluoromethane	75-69-4	101	151, 153
1,2,3-三氯丙烷	1,2,3-Trichloropropane	96-18-4	110	75, 77
1,2,4-三甲基苯	1,2,4-Trimethylbenzene	95-63-6	120	105
1,3,5-三甲基苯	1,3,5-Trimethylbenzene	108-67-8	120	105
氯乙烯	Vinyl chloride	75-01-4	62	64
邻二甲苯	*o*-Xylene	95-47-6	106	91
间二甲苯	*m*-Xylene	108-38-3	106	91
对二甲苯	*p*-Xylene	106-42-3	106	91
丙酮-D_6	Surrogates Acetone-D_6	666-52-4	64	46
苯乙酮-D_5	Acetophenone-D_5	28077-64-7	110	82
苯-D_6	Benzene-D_6	1076-43-3	84	83
溴苯-D_5	Bromobenzene-D_5	4165-57-5	82	162
4-溴氟苯	4-Bromofluorobenzene	460-00-4	174	95, 176
氯苯-D_5	Chlorobenzene-D_5	3114-55-4	117	119
全氟联苯	Decafluorobiphenyl	434-90-2	256	234
1,2-二氯乙烷-D_4	1,2-Dibromomethane-D_4	17060-07-0	111	113
邻二氯苯-D_4	1,2-Dichlorobenzene-D_4	2199-69-1	152	115, 150
二氯乙烷-D_4	Dichloroethane-D_4	17060-07-0	65	102

续表

化合物中文名	化合物英文名	CAS No.	特征离子/(m/z)	参考离子
1,2-二氯丙烷-D_6	1,2-Dichloropropane-D_6	93952-08-0	67	69
乙醚-D_{10}	Diethyl ether-D_{10}	2679-89-2	84	66, 50
1,4-二氯肽嗪	1,4-Difluorobenzene	4752-10-7	114	63
1,4-二噁烷-D_8	1,4-Dioxane-D_8	17647-74-4	96	64
乙酸乙酯-$^{13}C_2$	Ethyl acetate-$^{13}C_2$	84508-45-2	71	62
氟苯	Fluorobenzene	462-06-6	96	77
六氟苯	Hexafluorobenzene	392-56-3	186	117
二氯甲烷-D_2	Methylene chloride-D_2	1665-00-5	88	90
1-甲基萘-D_{10}	Methylnaphthalene-D_{10}	38072-94-5	152	150
萘-D_8	Naphthalene-D_8	1146-65-2	136	108
硝基苯-D_5	Nitrobenzene-D_5	4165-60-0	128	82
硝基甲烷-D_3	Nitromethane-D_3	13031-32-8	64	46
五氟苯	Pentafluorobenzene	363-72-4	168	—
氘代吡啶	Pyridine-D_5	7291-22-7	84	56
四氢呋喃-D_8	Tetrahydrofuran-D_8	1693-74-9	78	80
1,2,4-三氯苯-D_3	1,2,4-Trichlorobenzene-D_3	2199-72-6	183	185
甲苯-D_8	Toluene-D_8	2037-26-5	98	—
邻二甲苯-D_{10}	*o*-Xylene-D_{10}	56004-61-6	98	116

注：在此方法中使用的上列离子是推荐的，但不是必需的。在一般情况下，主要特征离子有更好的响应或受到更少的干扰。然而，无论是初级离子或表中列出的任何用于分析定量的二次离子，在校准和样品分析中必须使用同一个定量离子。在某些情况下可能会发生特定样本的干扰，使得用于校准的特征离子的使用变得复杂化。如果这样的干扰发生时，可以使用次定量离子，但次定量离子必须不受干扰且在多点标线中使用同样的离子。

附表 3　相对挥发度（α_k）

化合物中文名	化合物英文名	替代物类型[a]	b.p.[b]/℃	浓度[c]/ppb	K^d	α_k值	
						均值[e]	SD[f]
永久气体（Ⅰ类）	***Permanent gases*** (ClassⅠ)						
二氯二氟甲烷	Dichlorodifluoromethane		–30	80		0.07	0.02
三氯氟甲烷	Trichlorofluoromethane		24	80		0.2	0.02
氯乙烯	Vinyl chloride		–13	80		0.48	0.06
氯乙烷	Chloroethane		12	80		1.01	0.02
氯甲烷	Chloromethane		–24	80		1.37	0.07
溴甲烷	Bromomethane		4	80		1.82	0.12

续表

化合物中文名	化合物英文名	替代物类型[a]	b.p.[b]/℃	浓度[c]/ppb	K^d	α_k 值	
						均值[e]	SD[f]
挥发物（Ⅰ类）	***Volatiles*** (Class Ⅰ)						
1,1-二氯乙烯	1,1-Dichloroethene		37	40		0.63	0.07
四氯化碳	Carbon tetrachloride		76	40		0.64	0.02
六氟苯	Hexafluorobenzene	α	82	25		0.86	0.06
1,1-二氯丙烯	1,1-Dichloropropene		104	40		0.88	0.03
1,1,1-三氯乙烷	1,1,1-Trichloroethane		74	40	1.41	1.31	0.04
烯丙基氯	Allyl chloride		45	100		1.34	0.45
2,2-二氯丙烷	2,2-Dichloropropane		69	40		1.37	0.18
四氯乙烯	Tetrachloroethene		121	40	1.55	1.43	0.03
五氟苯	Pentafluorobenzene	α	85	9		1.51	0.04
碘甲烷	Iodomethane		42	100		2.29	0.43
反-1,2-二氯乙烯	*trans*-1,2-Dichloroethene		48	40		2.3	0.46
三氯乙烯	Trichloroethene		87	40		2.34	0.09
异丙苯	Isopropylbenzene		152	40	2.2	2.75	0.05
氟苯	Fluorobenzene	α	85	9		3.5	0.21
苯	Benzene		80	40	4.36	3.55	0.27
乙苯	Ethylbenzene		136	40	3.28	3.6	0.12
1,4-二氟苯	1,4-Difluorobenzene	α	88	9		3.83	0.07
甲苯	Toluene		111	40	3.93	3.88	0.12
m+*p*-二甲苯	*m*+*p*-Xylenes		138	40		3.91	0.11
苯-D_6	Benzene-D_6	c	79	26	4.4	3.92	0.27
1,1-二氯乙烷	1,1-Dichloroethane		57	40		4.12	0.08
甲苯-D_8	Toluene-D_8	β	111	25		4.28	0.09
正丙苯	*n*-Propylbenzene		159	40	2.49	2.43	0.04
顺-1,2-二氯乙烯	*cis*-1,2-Dichloroethene		60	40		5.34	0.07
邻二甲苯	*o*-Xylene		144	40	5.11	5.54	0.09
邻二甲苯的-D_{10}	*o*-Xylene-D_{10}	α	143	25	5.1	6.14	0.2
氯苯-D_5	Chlorobenzene-D_5	$\alpha+\beta$	131	25		6.27	0.17
氯仿	Chloroform		62	40	5.85	6.39	0.09

续表

化合物中文名	化合物英文名	替代物类型[a]	b.p.[b]/℃	浓度[c]/ppb	K^d	α_k 值	
						均值[e]	SD[f]
挥发物（Ⅰ类）	***Volatiles*** (ClassⅠ)						
苯乙烯	Styrene		145	40		6.87	0.36
氯苯	Chlorobenzene		132	40		6.07	0.24
溴苯	Bromobenzene		156	40		7.89	0.73
溴苯-D_5	Bromobenzene-D_5	*β*	155	25		7.93	0.59
4-溴-1 氟苯	4-Bromo-1-fluorobenzene	*c*	152	25		8.05	0.7
亚甲基氯	Methylene chloride		40	40	9.33	10.1	1.6
亚甲基氯-D_2	Methylene chloride-D_2	*c*	40	24		11.1	1.9
1,2-二氯丙烷	1,2-Dichloropropane		96	40		10.9	0.2
1,2-二氯丙烷-D_6	1,2-Dichloropropane-D_6	*c*	95	21		11	0.1
1,1,1,2-四氯乙烷	1,1,1,2-Tetrachloroethane		130	40		11.6	0.6
一溴二氯甲烷	Bromodichloromethane		90	40		12.3	0.6
反-1,3-二氯丙烯	*trans*-1,3-Dichloropropene		112	40		14.1	0.7
溴氯甲烷	Bromochloromethane		68	40		15.4	0.4
二氯乙烷	1,2-Dichloroethane		84	40	20.23	18.7	0.9
二溴一氯甲烷	Dibromochloromethane		120	40		19.2	1.4
顺-1,3-二氯丙烯	*cis*-1,3-Dichloropropene		104	40		19.6	1.4
二氯乙烷-D_4	1,2-Dichloroethane-D_4	*α*	84	25		20	20
溴仿	Bromoform		150	40		23.4	2.4
二溴甲烷	Dibromomethane		97	40		23.9	1.7
1,3-二氯丙烷	1,3-Dichloropropane		120	40		24.9	1.9
1,2-二溴乙烷-D_4	1,2-Dibromoethane-D_4	*α*	131	26		26	1.7
1,1,2-三氯乙烷	1,1,2-Trichloroethane		114	40		26.2	2.4
1,1,2-三氯乙烷-D_3	1,1,2-Trichloroethane-D_3	*c*	112	20		26.6	0.7
1,2-二溴乙烷	1,2-Dibromoethane		132	40		26.7	2
1,1,2,2-四氯乙烷	1,1,2,2-Tetrachloroethane		146	40		30.3	2.8
顺-1,4-二氯-2-丁烯	*cis*-1,4-Dichloro-2-butene		152	100		33.3	8.1
1,2,3-三氯丙烷	1,2,3-Trichloropropane		157	40		33.6	2.9
反-1,4-二氯-2-丁烯	*trans*-1,4-Dichloro-2-butene		156	100		33.8	7.4

续表

化合物中文名	化合物英文名	替代物类型[a]	b.p.[b]/℃	浓度[c]/ppb	K^d	α_k 值	
						均值[e]	SD[f]
自然半挥发物（Ⅱ类）	***Neutral semivolatiles*** (ClassⅡ)						
n-丁基苯	*n*-Butylbenzene		183	40	1.65	1.88	0.08
sec-丁基苯	sec-Butylbenzene		173	40		1.91	0.04
六氯丁二烯	Hexachlorobutadiene		215	40		2.08	0.06
p-异丙基甲苯	*p*-Isopropyltoluene		183	40	2.25	2.5	0.07
tert-丁基苯	tert-Butylbenzene		169	40		2.72	0.05
全氟联苯	Decafluorobiphenyl	*β*	206	25		3.03	0.06
1,3,5-三甲苯	1,3,5-Trimethylbenzene		165	40	3.52	3.75	0.18
2-氯甲苯	2-Chlorotoluene		159	40		4.04	0.17
1,2,4-三甲苯	1,2,4-Trimethylbenzene		169	40		4.5	0.4
4-氯甲苯	4-Chlorotoluene		162	40		4.78	0.43
1,3-二氯苯	1,3-Dichlorobenzene		173	40		5.72	0.73
1,4-二氯苯	1,4-Dichlorobenzene		174	40		6.14	0.84
1,2,4-三氯苯	1,2,4-Trichlorobenzene		214	40		7.73	1.22
1,2-二氯苯	1,2-Dichlorobenzene		180	40		7.86	1.19
1,2,4-三氯苯-D_3	1,2,4-Trichlorobenzene-D_3	*β*	213	25		7.88	1.19
1,2 -二氯苯-D_4	1,2-Dichlorobenzene-D_4	*β*	181	24		8.03	1.23
1,2,3-三氯苯	1,2,3-Trichlorobenzene		218	40		11.3	1.6
五氯乙烷	Pentachloroethane		162	100		13.2	3.3
萘	Naphthalene		218	40		16.7	2.2
萘-D_8	Naphthalene-D_8	*c*	217	25		18	3.7
1,2-二溴-3-氯丙烷	1,2-Dibromo-3-chloropropane		196	40		38.9	4.9
1 -甲基萘-D_{10}	1-Methylnaphthalene-D_{10}	*β*	241	100		67	
2-甲基萘	2-Methylnaphthalene		245	500		67	17
可溶性挥发物（Ⅲ类）	**Soluble volatiles** (ClassⅢ)						
二乙基醚	Diethyl ether		35	80		34.9	5.7
甲基丙烯酸乙酯	Ethyl methacrylate		117	100		48.4	2.8
甲基丙烯酸甲酯	Methyl methacrylate		101	100		71.4	4.1
甲基丙烯腈	Methacrylonitrile		90	100		102.9	2.4
丙烯醛	Acrolein		53	200	180	116.8	1

续表

化合物中文名	化合物英文名	替代物类型[a]	b.p.[b]/℃	浓度[c]/ppb	K[d]	α_k 值	
						均值[e]	SD[f]
可溶性挥发物（Ⅲ类）	**Soluble volatiles (ClassⅢ)**						
4-甲基-2-戊酮	4-Methyl-2-pentanone		117	100		119.9	8.4
2-己酮	2-Hexanone		128	100		131.1	2.1
醋酸乙酯-$^{13}C_2$	Ethyl acetate-$^{13}C_2$	α	77	250	150	150	
丙烯腈	Acrylonitrile		78	100		161	32
苯乙酮-D_5	Acetophenone-D_5	c	202	100		161	20
异丁醇	Isobutyl alcohol		108	100		1750	156
四氢呋喃	Tetrahydrofuran		66	N/A		456	67
乙腈	Acetonitrile		82	100	1200	545	103
丙酮	Acetone		56	100	580	600	32
丙酮-D_6	Acetone-D_6	α	57	490	600	600	
2-丁酮	2-Butanone		80	100	380	770	110
丙腈	Propionitrile		97	100		1420	320
1,4-二氧六环-D_8	1,4-Dioxane-D_8	α	101	240	5800	5800	
1,4-二氧六环	1,4-Dioxane		101	100	5750	6200	700
2-甲基吡啶	2-Picoline		129	100		6800	5200
吡啶	Pyridine		116	100		13100	600
吡啶-D_5	Pyridine-D_5	α	115	100	15000	15000	
基本半挥发物（Ⅳ级）	***Basic semivolatiles* (*Class*Ⅳ)**						
N-亚硝基二甲胺	*N*-Nitrosodimethylamine		154	500		129	37.3
N-亚硝基甲乙胺	*N*-Nitrosomethylethylamine		165	500		1900	800
N-亚硝基二正丙胺	*N*-Nitrosodi-*n*-propylamine		206	500		2400	2000
N-亚硝基二乙胺	*N*-Nitrosodiethylamine		177	500		4900	2200
苯胺	Aniline		184	500		13700	2300
邻甲苯胺	*o*-Toluidine		200	500		15200	2100
N-亚硝基二正丁胺	*N*-Nitrosodibutylamine		240	500		21000	5000

a 替代物类型：α——α-替代物，β——β-替代物，c——检验替代物；
b 分析物沸点；
c 用于监测 α_k 值的溶液中分析物的浓度；
d 分析物在顶部空间和水中的分配系数（20℃）；
e 平行测定 3～4 次的均值；
f 标准偏差。

附表 4　不同相对挥发度化合物选择的 *α*-替代物

相对挥发度范围	替代物对			
0.07～3.0	Hexafluorobenzene	六氟苯	Fluorobenzene	氟苯
	Hexafluorobenzene	六氟苯	1,4-Difluorobenzene	1,4-二氟苯
	Pentafluorobenzene	五氟苯	Fluorobenzene	氟苯
	Pentafluorobenzene	五氟苯	1,4-Difluorobenzene	1,4-二氟苯
3.0～6.3	Fluorobenzene	氟苯	*o*-Xylene-D_{10}	邻二甲苯-D_{10}
	Fluorobenzene	氟苯	Chlorobenzene-D_5	氯苯-D_5
	1,4-Difluorobenzene	1,4-二氟苯	*o*-Xylene-D_{10}	邻二甲苯-D_{10}
	1,4-Difluorobenzene	1,4-二氟苯	Chlorobenzene-D_5	氯苯-D_5
6.3～20	*o*-Xylene-D_{10}	邻二甲苯-D_{10}	1,2-Dichloroethane-D_4	1,2-二氯乙烷-D_4
	o-Xylene-D_{10}	邻二甲苯-D_{10}	1,2-Dibromoethane-D_4	1,2-二溴乙烷-D_4
	Chlorobenzene-D_5	氯苯-D_5	1,2-Dichloroethane-D_4	1,2-二氯乙烷-D_4
	Chlorobenzene-D_5	氯苯-D_5	1,2-Dibromoethane-D_4	1,2-二溴乙烷-D_4
20～600	1,2-Dichloroethane-D_4	1,2-二氯乙烷-D_4	Tetrahydrofuran-D_8	四氢呋喃-D_8
	1,2-Dichloroethane-D_4	1,2-二氯乙烷-D_4	1,4-Dioxane-D_8	1,4-二氧六环-D_8
	1,2-Dibromoethane-D_4	1,2-二溴乙烷-D_4	Tetrahydrofuran-D_8	四氢呋喃-D_8
	1,2-Dibromoethane-D_4	1,2-二溴乙烷-D_4	1,4-Dioxane-D_8	1,4-二氧六环-D_8
600～6000	Tetrahydrofuran-D_8	四氢呋喃-D_8	1,4-Dioxane-D_8	1,4-二氧六环-D_8
	Nitromethane-D_3	硝基甲烷-D_3	1,4-Dioxane-D_8	1,4-二氧六环-D_8

附表 5　不同沸点化合物选择的 *β*-替代物

沸点范围/℃	替代物对			
80～111	Toluene-D_8	甲苯-D_8	80℃[a]	/
	Chlorobenzene-D_5	氯苯-D_5	80℃[a]	/
111～131	Toluene-D_8	甲苯-D_8	Chlorobenzene-D_5	氯苯-D_5
	Toluene-D_8	甲苯-D_8	Bromobenzene-D_5	溴苯-D_5
	Chlorobenzene-D_5	氯苯-D_5	80℃[a]	80℃[a]
131～155	Toluene-D_8	甲苯-D_8	Bromobenzene-D_5	溴苯-D_5
	Chlorobenzene-D_5	氯苯-D_5	Bromobenzene-D_5	溴苯-D_5
	Chlorobenzene-D_5	氯苯-D_5	1,2-Dichlorobenzene-D_4	1,2-二氯苯-D_4

续表

沸点范围/℃	替代物对			
155～181	Chlorobenzene-D_5	氯苯-D_5	1,2-Dichlorobenzene-D_4	1,2-二氯苯-D_4
	Bromobenzene-D_5	溴苯-D_5	1,2-Dichlorobenzene-D_4	1,2-二氯苯-D_4
	Bromobenzene-D_5	溴苯-D_5	Decafluorobiphenyl	全氟联苯
181～206	Bromobenzene-D_5	溴苯-D_5	Decafluorobiphenyl	全氟联苯
	1,2-Dichlorobenzene-D_4	1,2-二氯苯-D_4	Decafluorobiphenyl	全氟联苯
	1,2-Dichlorobenzene-D_4	1,2-二氯苯-D_4	1,2,4-Trichlorobenzene-D_3	1,2,4-三氯苯-D_3
206～220	1,2-Dichlorobenzene-D_4	1,2-二氯苯-D_4	1,2,4-Trichlorobenzene-D_3	1,2,4-三氯苯-D_3
	Decafluorobiphenyl	全氟联苯	1,2,4-Trichlorobenzene-D_3	1,2,4-三氯苯-D_3
	Decafluorobiphenyl	全氟联苯	1-Methylnaphthalene-D_{10}	1-甲基萘-D_{10}
220～250	Decafluorobiphenyl	全氟联苯	1-Methylnaphthalene-D_{10}	1-甲基萘-D_{10}
	Decafluorobiphenyl	全氟联苯	1-Methylnaphthalene-D_{10}	1-甲基萘-D_{10}

a 化合物沸点小于 80℃时，受沸点的影响可忽略不计。

附表 6 真空蒸馏气相色谱/质谱联用分析 3 个土壤加标回收率的例子数据

化合物中文名	化合物英文名	土壤 #1[a]			土壤 #2[b]			土壤 #3[c]		
		回收率[d]/%	相对误差[e]/(μg/kg)	替代物精密度[f]/%	回收率[d]/%	相对误差[e]/(μg/kg)	替代物精密度[f]/%	回收率[d]/%	相对误差[e]/(μg/kg)	替代物精密度[f]/%
二氯二氟甲烷	Dichlorodifluoromethane	128	28	0	122	30	92	22	4	4
氯甲烷	Chloromethane	116	9	0	109	13	74	71	6	12
溴甲烷	Bromomethane	106	12	0	101	12	62	24	1	2
氯乙烷	Chloroethane	109	11	0	110	11	75	15	0	2
三氯氟甲烷	Trichlorofluoromethane	111	11	0	125	14	98	12	0	2
二乙基醚	Diethyl ether	20	8	1	18	8	6	10	1	1
丙酮	Acetone	112	3	6	102	4	75	139	21	60
1,1-二氯乙烯	1,1-Dichloroethene	110	4	0	120	17	91	68	7	10
碘甲烷	Iodomethane	106	6	0	96	15	56	94	3	6
烯丙基氯	Allyl chloride	116	8	0	111	12	77	88	4	10
二氯甲烷-D_6	Methylene chloride-D_6	105	6	2	96	6	60	101	3	2

续表

化合物中文名	化合物英文名	土壤 #1[a]			土壤 #2[b]			土壤 #3[c]		
		回收率[d]/%	相对误差[e]/(μg/kg)	替代物精密度[f]/%	回收率[d]/%	相对误差[e]/(μg/kg)	替代物精密度[f]/%	回收率[d]/%	相对误差[e]/(μg/kg)	替代物精密度[f]/%
二氯甲烷	Methylene chloride	104	5	2	94	4	57	94	4	2
丙烯腈	Acrylonitrile	106	5	7	93	4	60	135	9	62
反-1,2-二氯乙烯	*trans*-1,2-Dichloroethene	99	8	0	93	9	53	85	5	6
1,1-二氯乙烷	1,1-Dichloroethane	109	5	1	103	2	66	179	0	0
甲基丙烯腈	Methacrylonitrile	106	3	6	69	7	35	152	2	11
2-丁酮	2-Butanone	112	11	6	102	4	77	152	9	61
丙腈	Propionitrile	122	4	6	109	2	83	167	6	64
2,2-二氯丙烷	2,2-Dichloropropane	105	1	0	115	7	83	89	1	10
顺-1,2-二氯乙烯	*cis*-1,2-Dichloroethene	101	2	2	97	0	59	101	1	2
氯仿	Chloroform	99	2	3	98	2	62	103	0	2
异丁醇	Isobutyl alcohol	103	9	6	105	6	75	NA	NA	NA
溴氯甲烷	Bromochloromethane	98	0	2	93	2	59	105	1	2
1,1,1-三氯乙烷	1,1,1-Trichloroethane	99	1	0	112	6	78	85	1	10
1,1-二氯丙烯	1,1-Dichloropropene	102	2	2	120	7	87	83	1	12
四氯化碳	Carbon tetrachloride	93	3	0	112	8	78	83	1	12
苯-D_6	Benzene-D_6	102	1	1	99	1	60	102	1	1
二氯乙烷	1,2-Dichloroethane	99	1	2	94	0	108	108	1	3
苯	Benzene	101	1	1	98	1	101	101	1	1
三氯乙烯	Trichloroethene	90	2	1	94	1	95	95	2	6
1,2-二氯丙烷-D_6	1,2-Dichloropropane-D_6	102	1	2	101	1	103	103	1	2
1,2-二氯丙烷	1,2-Dichloropropane	102	2	3	101	1	102	102	1	2
甲基丙烯酸甲酯	Methyl methacrylate	152	2	9	149	11	145	145	4	13
一溴二氯甲烷	Bromodichloromethane	94	2	2	95	1	103	103	1	2
1,4-二氧六环	1,4-Dioxane	110	1	5	103	1	123	123	2	29
二溴甲烷	Dibromomethane	93	2	5	93	1	105	105	1	9
4-甲基-2-戊酮	4-Methyl-2-pentanone	125	2	8	112	6	147	147	4	13
反-1,3-二氯丙烯	*trans*-1,3-Dichloropropene	99	1	3	99	0	101	101	1	2
甲苯	Toluene	99	0	3	99	1	96	96	1	1
吡啶	Pyridine	95	5	8	119	1	71	71	3	43

续表

化合物中文名	化合物英文名	土壤 #1[a]			土壤 #2[b]			土壤 #3[c]		
		回收率[d]/%	相对误差[e]/(μg/kg)	替代物精密度[f]/%	回收率[d]/%	相对误差[e]/(μg/kg)	替代物精密度[f]/%	回收率[d]/%	相对误差[e]/(μg/kg)	替代物精密度[f]/%
顺-1,3-二氯丙烯	*cis*-1,3-Dichloropropene	91	2	2	93	1	102	102	1	3
N-亚硝基二甲胺	*N*-Nitrosodimethylamine	68	5	4	54	11	20	20	1	2
1,1,2-三氯乙烷-D_3	1,1,2-Trichloroethane-D_3	95	3	5	100	4	102	102	1	8
2-己酮	2-Hexanone	125	6	6	110	4	145	145	8	13
1,1,2-三氯乙烷	1,1,2-Trichloroethane	93	2	5	96	2	103	103	1	9
四氯乙烯	Tetrachloroethene	98	7	2	105	2	123	123	8	14
1,3-二氯丙烷	1,3-Dichloropropane	99	1	6	101	1	103	103	1	9
二溴一氯甲烷	Dibromochloromethane	92	2	3	95	0	103	103	1	3
2-甲基吡啶	2-Picoline	71	5	3	66	20	62	62	8	15
1,2-二溴乙烷	1,2-Dibromoethane	104	1	5	108	1	108	109	0	9
氯苯	Chlorobenzene	96	1	4	97	1	109	104	1	2
1,1,1,2-四氯乙烷	1,1,1,2-Tetrachloroethane	96	1	3	97	1	98	98	1	2
乙苯	Ethylbenzene	102	0	2	99	1	52	96	1	1
N-亚硝基甲乙胺	*N*-Nitrosomethylethylamine	84	6	4	92	13	46	29	1	10
m+*p*-二甲苯	*m*+*p*-Xylenes	101	1	2	99	1	52	94	1	1
苯乙烯	Styrene	97	1	3	96	1	49	96	0	3
邻-二甲苯	*o*-Xylene	102	1	2	100	1	53	97	1	2
异丙苯	Isopropylbenzene	101	2	1	98	1	49	87	1	4
溴仿	Bromoform	94	0	5	103	2	64	101	1	8
顺-1,4-二氯-2-丁烯	*cis*-1,4-Dichloro-2-butene	106	5	6	115	1	79	116	1	9
N-亚硝基二乙胺	*N*-Nitrosodiethylamine	104	13	4	128	16	84	45	1	11
1,1,2,2-四氯乙烷	1,1,2,2-Tetrachloroethane	93	2	5	100	1	61	101	2	8
4-溴-1-氟苯	4-Bromo-1-fluorobenzene	94	2	3	93	1	45	99	0	2
1,2,3-三氯丙烷	1,2,3-Trichloropropane	111	6	6	120	1	86	115	1	9
正丙苯	*n*-Propylbenzene	100	3	1	95	0	45	85	1	5
反-1,4-二氯-2-丁烯	*trans*-1,4-Dichloro-2-butene	103	4	5	114	3	76	119	1	10
1,3,5-三甲苯	1,3,5-Trimethylbenzene	103	1	1	93	2	42	91	1	2
溴苯	Bromobenzene	97	1	3	98	0	50	102	0	2
邻氯甲苯	2-Chlorotoluene	98	1	1	90	2	41	94	1	1

续表

化合物中文名	化合物英文名	土壤 #1[a]			土壤 #2[b]			土壤 #3[c]		
		回收率[d]/%	相对误差[e]/(μg/kg)	替代物精密度[f]/%	回收率[d]/%	相对误差[e]/(μg/kg)	替代物精密度[f]/%	回收率[d]/%	相对误差[e]/(μg/kg)	替代物精密度[f]/%
对氯甲苯	4-Chlorotoluene	98	3	2	93	1	43	95	1	2
五氯乙烷	Pentachloroethane	88	2	2	86	3	39	72	4	2
叔丁基苯	tert-Butylbenzene	103	2	2	99	1	47	83	1	4
1,2,4-三甲基苯	1,2,4-Trimethylbenzene	104	1	2	96	2	44	91	1	2
仲丁基苯	sec-Butylbenzene	99	4	2	93	3	43	83	1	8
苯胺	Aniline	106	16	10	143	29	106	15	1	10
p-异丙基甲苯	*p*-Isopropyltoluene	104	2	3	101	3	48	87	2	7
1,3-二氯苯	1,3-Dichlorobenzene	94	3	3	88	1	38	100	1	4
1,4-二氯苯	1,4-Dichlorobenzene	94	2	4	90	1	41	100	1	4
n-丁基苯	*n*-Butylbenzene	97	5	3	89	4	38	83	1	8
1,2-二氯苯	1,2-Dichlorobenzene	95	2	4	93	0	42	103	1	5
苄醇	Benzyl alcohol	98	6	8	128	30	82	22	1	9
N-亚硝基二正丙胺	*N*-Nitrosodi-*n*-propylamine	120	16	9	185	27	168	108	3	38
苯乙酮-D_5	Acetophenone-D_5	104	10	9	167	11	136	270	7	124
邻甲苯胺	*o*-Toluidine	118	21	12	172	45	149	19	1	14
1,2-二溴-3-氯丙烷	1,2-Dibromo-3-chloro propane	104	7	8	143	10	106	185	3	24
六氯丁二烯	Hexachlorobutadiene	88	3	14	81	12	58	75	2	8
1,2,4-三氯苯	1,2,4-Trichlorobenzene	88	2	13	81	1	38	104	1	8
萘-D_8	Naphthalene-D_8	88	5	17	109	5	69	141	2	12
萘	Naphthalene	88	4	18	109	2	70	132	2	12
1,2,3-三氯苯	1,2,3-Trichlorobenzene	83	0	18	77	2	40	111	1	10
N-亚硝基二丁胺	*N*-Nitrosodibutylamine	133	30	44	152	51	149	11	1	11
2-甲基萘	2-Methylnaphthalene	60	5	20	60	0	36	62	3	29

a 花园土壤，水分为 37%，有机质含量为 21%，重复分析 3 次。
b 花园土壤，水分为 15%，有机质含量为 16%，重复分析 3 次。
c 沙漠土壤，水分为 3%，有机质含量为 1%，重复分析 7 次。
d % Rec：平均精密度，使用替代物更正。
e 相对误差：平行分析的相对标准偏差（relative standard deviation）。
f 替代精确度：平行分析中，替代对的预估分析物回收率的平均变化。此精度值提供了整体测量中的固有误差。
NA：减压蒸馏液中不存在的分析物。
这些数据仅作为指导目的。

附表 7　真空蒸馏 GC / MS 分析鳕鱼肝油加标回收率的例子数据

化合物中文名	化合物英文名	回收率[a]/%	相对误差[b]/(μg/kg)	替代物精密度[c]/%
二氯二氟甲烷	Dichlorodifluoromethane	3	0	0
氯甲烷	Chloromethane	141	18	2
氯乙烯	Vinyl chloride	137	11	2
溴甲烷	Bromomethane	120	29	0
氯乙烷	Chloroethane	128	44	2
三氯氟甲烷	Trichlorofluoromethane	313	176	0
乙醚	Diethyl ether	103	5	3
丙酮-D_6	Acetone-D_6	70	8	12
丙烯醛	Acrolein	526	166	28
丙酮	Acetone	323	125	42
1,1-二氯乙烯	1,1-Dichloroethene	116	4	1
碘甲烷	Iodomethane	105	6	1
氯丙烯	Allyl chloride	119	16	1
乙腈	Acetonitrile	24	4	4
二氯甲烷-D_6	Methylene chloride-D_6	104	7	2
二氯甲烷	Methylene chloride	106	10	2
丙烯腈	Acrylonitrile	88	7	14
反-1,2-二氯乙烯	*trans*-1,2-Dichloroethene	116	4	0
1,1-二氯乙烷	1,1-Dichloroethane	103	2	1
甲基丙烯腈	Methacrylonitrile	94	4	4
2-丁酮	2-Butanone	92	9	13
丙腈	Propionitrile	85	4	13
乙酸乙酯-$^{13}C_2$	Ethyl acetate-$^{13}C_2$	84	5	3
2,2-二氯丙烷	2,2-Dichloropropane	97	2	1
顺-1,2-二氯乙烯	*cis*-1,2-Dichloroethene	105	2	1
氯仿	Chloroform	97	2	2
异丁醇	Isobutyl alcohol	115	11	20
溴氯甲烷	Bromochloromethane	98	3	2
1,1,1-三氯乙烷	1,1,1-Trichloroethane	97	3	1

续表

化合物中文名	化合物英文名	回收率[a]/%	相对误差[b]/(μg/kg)	替代物精密度[c]/%
1,1-二氯丙烯	1,1-Dichloropropene	120	4	3
四氯化碳	Carbon tetrachloride	93	2	1
苯-D_6	Benzene-D_6	100	2	1
1,2-二氯乙烷	1,2-Dichloroethane	101	3	3
苯	Benzene	238	40	0
三氯乙烯	Trichloroethene	92	3	1
1,2-二氯丙烷-D_6	1,2-Dichloropropane-D_6	71	13	2
1,2-二氯丙烷	1,2-Dichloropropane	128	7	3
甲基丙烯酸甲酯	Methyl methacrylate	101	3	4
一溴二氯甲烷	Bromodichloromethane	92	1	2
1,4-二氧六环	1,4-Dioxane	88	13	14
二溴甲烷	Dibromomethane	95	4	4
4-甲基-2-戊酮	4-Methyl-2-pentanone	95	5	4
反-1,3-二氯丙烯	*trans*-1,3-Dichloropropene	103	2	4
甲苯	Toluene	164	16	5
吡啶	Pyridine	58	42	19
顺-1,3-二氯丙烯	*cis*-1,3-Dichloropropene	94	1	4
甲基丙烯酸乙酯	Ethyl methacrylate	109	2	5
N-亚硝基二甲胺	*N*-Nitrosodimethylamine	189	50	7
1,1,2-三氯乙烷-D_3	1,1,2-Trichloroethane-D_3	88	2	4
2-己酮	2-Hexanone	106	6	3
1,1,2-三氯乙烷	1,1,2-Trichloroethane	89	2	4
四氯乙烯	Tetrachloroethene	68	1	1
1,3-二氯丙烷	1,3-Dichloropropane	99	3	4
二溴一氯甲烷	Dibromochloromethane	85	1	3
2-甲基吡啶	2-Picoline	33	24	8
1,2-二溴乙烷	1,2-Dibromoethane	106	2	3
氯苯	Chlorobenzene	101	1	2
1,1,1,2-四氯乙烷	1,1,1,2-Tetrachloroethane	83	2	1
乙苯	Ethylbenzene	114	3	1

续表

化合物中文名	化合物英文名	回收率[a]/%	相对误差[b]/(μg/kg)	替代物精密度[c]/%
N-亚硝基甲乙胺	*N*-Nitrosomethylethylamine	192	48	0
m+*p*-二甲苯	*m*+*p*-Xylenes	122	3	1
苯乙烯	Styrene	102	1	2
邻二甲苯	*o*-Xylene	115	3	1
异丙苯	Isopropylbenzene	109	5	1
溴仿	Bromoform	88	2	3
顺-1,4-二氯-2-丁烯	*cis*-1,4-Dichloro-2-butene	103	3	4
N-亚硝基二乙胺	*N*-Nitrosodiethylamine	222	44	30
1,1,2,2-四氯乙烷	1,1,2,2-Tetrachloroethane	83	5	3
4-1-溴氟苯	4-Bromo-1-fluorobenzene	93	2	2
1,2,3-三氯丙烷	1,2,3-Trichloropropane	103	4	4
正丙苯	*n*-Propylbenzene	122	4	1
反-1,4-二氯-2 丁烯	*trans*-1,4-Dichloro-2-butene	95	3	4
1,3,5-三甲苯	1,3,5-Trimethylbenzene	93	9	2
溴苯	Bromobenzene	98	2	2
邻氯甲苯	2-Chlorotoluene	78	2	1
对氯甲苯	4-Chlorotoluene	93	2	2
五氯乙烷	Pentachloroethane	81	4	2
叔丁基苯	tert-Butylbenzene	120	55	3
1,2,4-三甲苯	1,2,4-Trimethylbenzene	127	8	3
仲丁基苯	sec-Butylbenzene	89	10	3
苯胺	Aniline	NA	NA	NA[d]
p-甲基异丙苯	*p*-Isopropyltoluene	NA	NA	NA
1,3-二氯苯	1,3-Dichlorobenzene	70	2	2
1,4-二氯苯	1,4-Dichlorobenzene	87	3	4
正丁基苯	*n*-Butylbenzene	105	4	6
邻二氯苯	1,2-Dichlorobenzene	119	14	7
苄醇	Benzyl alcohol	NA	NA	NA
N-亚硝基二丙胺	*N*-Nitroso-di-*n*-propylamine	270	58	51
苯乙酮-D_5	Acetophenone-D_5	175	31	34

续表

化合物中文名	化合物英文名	回收率[a]/%	相对误差[b]/(μg/kg)	替代物精密度[c]/%
邻甲苯胺	*o*-Toluidine	108	69	36
1,2-二溴-3-氯丙烷	1,2-Dibromo-3-chloropropane	84	14	6
六氯丁二烯	Hexachlorobutadiene	119	6	20
1,2,4-三氯苯	1,2,4-Trichlorobenzene	94	5	14
萘-D_8	Naphthalene-D_8	132	16	29
萘	Naphthalene	123	15	32
1,2,3-三氯苯	1,2,3-Trichlorobenzene	80	3	21
N-亚硝基二丁胺	*N*-Nitrosodibutylamine	2000	3600	3200
2-甲基萘	2-Methylnaphthalene	667	1644	4900

a 1 g 鱼肝油重复 7 次测定均值。
b 相对误差：平行分析的相对标准偏差（relative standard deviation）。
c 替代精确度：平行分析中，替代对的预估分析物回收率的平均变化。此精度值提供了整体测量中的固有误差。
d NA：由于色谱干扰，无法准确测量化合物。
这些数据仅作为指导目的。

附表 8 真空蒸馏 GC / MS 分析水溶液基体加标回收率的例子数据

化合物中文名	化合物英文名	水[a]			水/甘油[b]			水/盐[c]			水/肥皂[d]		
		回收率[e]/%	相对误差[f]/(μg/L)	替代物精密度[g]/%	回收率[e]/%	相对误差[f]/(μg/L)	替代物精密度[g]/%	回收率[e]/%	相对误差[f]/(μg/L)	替代物精密度[g]/%	回收率[e]/%	相对误差[f]/(μg/L)	替代物精密度[g]/%
二氯二氟甲烷	Dichlorodifluoromethane	76	9	1	84	8	1	85	6	1	56	7	1
氯甲烷	Chloromethane	81	6	1	86	8	1	83	10	1	77	3	1
氯乙烯	Vinyl chloride	78	5	1	81	3	1	74	4	1	81	4	1
溴甲烷	Bromomethane	101	5	1	103	2	0	116	47	1	102	4	1
氯乙烷	Chloroethane	95	5	1	96	2	1	112	52	1	95	5	1
三氯氟甲烷	Trichlorofluoromethane	122	52	1	98	1	1	120	58	1	96	3	1
乙醚	Diethyl ether	106	17	2	98	12	1	14	8	0	17	14	1
丙烯醛	Acrolein	111	16	3	114	5	1	20	10	2	49	6	2
丙酮	Acetone	114	17	5	286	41	16	88	5	20	71	10	3
1,1-二氯乙烯	1,1-Dichloroethene	102	10	1	98	6	1	20	12	0	93	9	1
碘甲烷	Iodomethane	103	7	1	104	7	0	98	4	1	103	2	0
烯丙基氯	Allyl chloride	102	10	1	101	6	1	95	4	1	101	3	1

续表

化合物中文名	化合物英文名	水[a]			水/甘油[b]			水/盐[c]			水/肥皂[d]		
		回收率[e]/%	相对误差[f]/(μg/L)	替代物精密度[g]/%	回收率[e]/%	相对误差[f]/(μg/L)	替代物精密度[g]/%	回收率[e]/%	相对误差[f]/(μg/L)	替代物精密度[g]/%	回收率[e]/%	相对误差[f]/(μg/L)	替代物精密度[g]/%
乙腈	Acetonitrile	122	21	6	189	2	7	82	11	17	99	8	4
二氯甲烷-D_2	Methylene chloride-D_2	103	7	1	104	9	0	99	7	1	102	6	2
二氯甲烷	Methylene chloride	99	9	1	101	10	0	95	10	1	98	8	2
丙烯腈	Acrylonitrile	97	1	7	95	3	7	112	21	27	93	3	4
反-1,2-二氯乙烷	*trans*-1,2-Dichloroethane	100	4	1	100	5	0	94	8	1	93	6	1
1,1-二氯乙烷	1,1-Dichloroethane	102	5	1	102	5	0	101	4	0	101	1	1
甲基丙烯腈	Methacrylonitrile	101	3	2	101	1	1	108	7	7.	104	2	4
2-丁酮	2-Butanone	68	43	7	106	31	10	105	27	25	97	2	4
丙腈	Propionitrile	100	6	6	109	9	14	111	31	22	103	3	4
2,2-二氯丙烷	2,2-Dichloropropane	100	1	1	99	1	1	100	1	1	102	1	1
顺-1,2-二氯乙烯	*cis*-1,2-Dichloroethene	100	1	1	100	1	0	97	2	0	103	0	1
氯仿	Chloroform	100	1	1	100	2	1	100	2	0	103	1	2
异丁醇	Isobutyl alcohol	86	7	5	137	17	5	116	21	30	76	10	3
溴氯甲烷	Bromochloromethane	102	1	1	102	1	0	100	0	1	102	1	1
1,1,1-三氯乙烷	1,1,1-Trichloroethane	100	1	1	99	1	1	98	3	1	99	1	1
1,1-二氯丙烯	1,1-Dichloropropene	95	3	1	96	3	1	94	3	1	99	3	1
四氯化碳	Carbon tetrachloride	100	0	1	100	2	1	100	2	1	88	2	1
苯-D_6	Benzene-D_6	99	1	1	99	1	1	99	1	0	100	1	1
1,2-二氯乙烷	1,2-Dichloroethane	101	1	1	101	1	1	99	1	1	100	1	2
苯	Benzene	99	0	1	100	1	1	99	2	0	99	1	1
三氯乙烯	Trichloroethene	100	1	1	99	1	0	98	1	1	109	1	0
1,2-二氯丙烷-D_6	1,2-Dichloropropane-D_6	99	2	1	99	2	0	99	2	1	101	2	2
1,2-二氯丙烷	1,2-Dichloropropane	100	1	1	100	1	0	99	1	1	101	1	2
甲基丙烯酸甲酯	Methyl methacrylate	106	7	2	128	10	1	114	4	5	106	2	5
一溴二氯甲烷	Bromodichloromethane	102	1	1	100	1	0	102	2	1	101	1	2
1,4-二氧六环	1,4-Dioxane	101	8	8	156	15	83	96	18	16	102	3	14
二溴甲烷	Dibromomethane	102	1	2	101	1	1	99	1	3	100	1	5

续表

化合物中文名	化合物英文名	水[a]			水/甘油[b]			水/盐[c]			水/肥皂[d]		
		回收率[e]/%	相对误差[f]/(μg/L)	替代物精密度[g]/%	回收率[e]/%	相对误差[f]/(μg/L)	替代物精密度[g]/%	回收率[e]/%	相对误差[f]/(μg/L)	替代物精密度[g]/%	回收率[e]/%	相对误差[f]/(μg/L)	替代物精密度[g]/%
4-甲基-2-戊酮	4-Methyl-2-pentanone	102	5	3	102	3	1	116	1	9	110	2	5
反-1,3-二氯丙烯	*trans*-1,3-Dichloropropene	99	1	1	100	0	1	99	2	1	103	1	1
甲苯	Toluene	98	2	1	99	1	1	97	3	1	97	1	1
吡啶	Pyridine	61	20	16	NA	NA	NA	104	24	37	128	7	36
顺-1,3-二氯丙烯	*cis*-1,3-Dichloropropene	99	1	1	99	1	1	97	2	1	100	1	2
甲基丙烯酸乙酯	Ethyl methacrylate	109	9	2	156	17	1	109	25	3	105	2	4
N-亚硝基二甲胺	*N*-Nitrosodimethylamine	75	8	2	97	8	1	105	32	10	69	9	4
1,1,2-三氯乙烷-D_3	1,1,2-Trichloroethane-D_3	100	1	2	100	2	1	101	2	3	99	1	5
2-己酮	2-Hexanone	102	9	3	99	4	1	118	4	11	112	3	5
1,1,2-三氯乙烷	1,1,2-Trichloroethane	100	2	2	100	1	1	101	1	2	101	1	5
四氯乙烯	Tetrachloroethene	98	11	1	98	14	1	106	34	1	200	36	0
1,3-二氯丙烷	1,3-Dichloropropane	98	1	2	99	1	1	98	2	3	98	1	5
二溴一氯甲烷	Dibromochloromethane	102	1	1	101	2	1	104	1	1	102	1	2
2-甲基吡啶	2-Picoline	NA	NA	NA	NA	NA	NA	169	69	26	217	28	33
1,2-二溴乙烷	1,2-Dibromoethane	100	1	2	100	1	1	101	1	2	104	1	5
氯苯	Chlorobenzene	100	1	1	100	1	1	99	1	1	102	0	2
1,1,1,2-四氯乙烷	1,1,1,2-Tetrachloroethane	101	1	1	100	1	0	102	1	1	100	1	2
乙苯	Ethylbenzene	97	2	1	99	2	1	98	1	0	97	2	1
N-亚硝基甲乙胺	*N*-Nitrosomethylethylamine	70	9	4	111	10	20	130	35	25	79	1	4
m+*p*-二甲苯	*m*+*p*-Xylenes	98	2	1	99	1	1	97	1	0	101	1	1
苯乙烯	Styrene	98	0	1	99	1	1	97	3	1	102	0	3
邻二甲苯	*o*-Xylene	98	1	1	99	1	1	98	1	1	106	1	2
异丙苯	Isopropylbenzene	97	2	1	99	2	1	95	3	1	84	2	2
溴仿	Bromoform	103	2	2	101	2	1	109	1	2	108	2	6
顺-1,4-二氯-2-丁烯	*cis*-1,4-Dichloro-2-butene	102	4	2	102	2	1	110	2	1	114	4	6
N-亚硝基二乙胺	*N*-Nitrosodiethylamine	78	9	6	133	11	60	128	31	18	78	2	9

续表

化合物中文名	化合物英文名	水[a]			水/甘油[b]			水/盐[c]			水/肥皂[d]		
		回收率[e]/%	相对误差[f]/(μg/L)	替代物精密度[g]/%	回收率[e]/%	相对误差[f]/(μg/L)	替代物精密度[g]/%	回收率[e]/%	相对误差[f]/(μg/L)	替代物精密度[g]/%	回收率[e]/%	相对误差[f]/(μg/L)	替代物精密度[g]/%
1,1,2,2-四氯乙烷	1,1,2,2-Tetrachloroethane	101	2	2	100	3	1	111	2	2	82	3	4
4-1-溴氟苯	4-Bromo-1-fluorobenzene	101	1	1	101	1	1	101	1	1	102	1	3
1,2,3-三氯丙烷	1,2,3-Trichloropropane	97	6	2	99	3	1	105	6	2	112	3	6
正丙苯	*n*-Propylbenzene	97	2	1	98	2	1	94	3	1	81	3	2
反-1,4-二氯-2-丁烯	*trans*-1,4-Dichloro-2-butene	101	4	2	102	2	1	111	2	2	115	4	7
1,3,5-三甲苯	1,3,5-Trimethylbenzene	98	3	1	99	2	1	96	3	1	83	1	1
溴苯	Bromobenzene	101	0	1	101	0	1	100	1	1	104	1	3
邻氯甲苯	2-Chlorotoluene	96	4	1	99	3	1	95	3	1	88	2	2
对氯甲苯	4-Chlorotoluene	101	2	1	100	2	1	98	1	1	94	2	2
五氯乙烷	Pentachloroethane	103	10	1	100	9	1	94	18	1	29	8	1
叔丁基苯	tert-Butylbenzene	99	3	1	100	3	1	95	5	1	66	2	1
1,2,4-三甲基苯	1,2,4-Trimethylbenzene	98	2	1	99	2	1	96	2	1	88	2	2
仲丁基苯	sec-Butylbenzene	98	3	1	99	2	1	93	3	2	74	2	2
苯胺	Aniline	119	40	18	74	15	65	79	37	30	97	9	29
p-甲基异丙苯	*p*-Isopropyltoluene	97	0	2	98	4	2	93	3	2	81	2	4
1,3-二氯苯	1,3-Dichlorobenzene	101	1	1	100	1	1	99	1	1	98	1	3
1,4-二氯苯	1,4-Dichlorobenzene	101	1	1	101	1	1	100	2	1	105	1	3
n-丁基苯	*n*-Butylbenzene	97	2	2	98	3	2	91	2	2	74	2	3
邻二氯苯	1,2-Dichlorobenzene	100	1	1	100	1	1	100	1	2	102	1	5
苄醇	Benzyl alcohol	128	28	19	167	14	125	65	35	15	93	5	23
N-亚硝基二正丙胺	*N*-Nitroso-di-*n*-propylamine	68	14	5	108	9	25	56	15	29	112	5	15
苯乙酮-D_5	Acetophenone-D_5	71	20	7	81	7	7	99	66	23	156	7	17
邻甲苯胺	*o*-Toluidine	127	42	21	66	20	61	97	49	41	115	15	37
1,2-二溴-3-氯丙烷	1,2-Dibromo-3-chloropropane	101	9	3	99	5	3	111	25	4	156	7	15
六氯丁二烯	Hexachlorobutadiene	101	2	2	102	4	3	92	3	3	74	2	4
1,2,4-三氯苯	1,2,4-Trichlorobenzene	101	1	2	100	1	3	102	1	3	104	1	5

续表

化合物中文名	化合物英文名	水[a]			水/甘油[b]			水/盐[c]			水/肥皂[d]		
		回收率[e]/%	相对误差[f]/(μg/L)	替代物精密度[g]/%	回收率[e]/%	相对误差[f]/(μg/L)	替代物精密度[g]/%	回收率[e]/%	相对误差[f]/(μg/L)	替代物精密度[g]/%	回收率[e]/%	相对误差[f]/(μg/L)	替代物精密度[g]/%
萘-D_8	Naphthalene-D_8	102	5	2	100	2	4	112	5	5	127	3	10
萘	Naphthalene	101	4	2	101	2	4	110	2	5	125	3	9
1,2,3-三氯苯	1,2,3-Trichlorobenzene	100	2	2	100	1	4	100	3	5	93	3	8
N-亚硝基二丁胺	*N*-Nitrosodibutylamine	208	109	43	400	32	384	90	69	67	98	21	43
2-甲基萘	2-Methylnaphthalene	84	6	8	91	10	12	98	27	24	55	3	11

a 5 ml 水质样品。
b 1 g 甘油添加到 5 ml 水中。
c 1 g 盐添加到 5 ml 水中。
d 0.2 g 浓肥皂添加到 5 ml 水中。
e 4 次重复测定均值。
f 相对误差：平行分析的相对标准偏差（relative standard deviation）。
g 替代精确度：平行分析中，替代对的预估分析物回收率的平均变化。此精度值提供了整体测量中的固有误差。
NA：在真空蒸馏物中不明显存在的化合物。

附表 9　真空蒸馏气相色谱/质谱联用分析鱼肉加标回收率的例子数据

化合物中文名	化合物英文名	替代物类型	加标浓度[c]/ppb	水质基体标准[a]			金枪鱼基体标准[b]		
				化合物平均回收率[d]/%	RSD[e]/%	替代物平均回收率[f]/%	化合物平均回收率[d]/%	RSD[e]/%	替代物平均回收率[f]/%
二氯二氟甲烷	Dichlorodifluoromethane		1000	109	22	24	116	17	16
氯甲烷	Chloromethane		1000	105	16	16	102	13	10
氯乙烯	Vinyl chloride		1000	105	20	21	115	15	14
溴甲烷	Bromomethane		1000	90	19	11	89	18	7
氯乙烷	Chloroethane		1000	102	21	18	110	17	12
三氯氟甲烷	Trichlorofluoromethane		1000	97	24	21	125	18	16
乙醚-D_{10}	Diethyl ether-D_{10}	Check	250	113	9	4	108	9	3
醚	Ether		500	104	10	4	106	10	3
丙酮-D_6	Acetone-D_6	Check	2500	41	27	0	149	20	1
丙酮	Acetone		Cont	—	—	—	—	—	—
1,1-二氯乙烯	1,1-Dichloroethene		500	44	54	8	134	31	15
碘甲烷	Iodomethane		500	10	101	1	57	129	3

续表

化合物中文名	化合物英文名	替代物类型	加标浓度[c]/ppb	水质基体标准[a]			金枪鱼基体标准[b]		
				化合物平均回收率[d]/%	RSD[e]/%	替代物平均回收率[f]/%	化合物平均回收率[d]/%	RSD[e]/%	替代物平均回收率[f]/%
烯丙基氯	Allyl chloride		500	55	75	9	96	79	9
乙腈	Acetonitrile		Int	—	—	—	—	—	—
二氯甲烷-D_6	Methylene chloride-D_6	Check	250	94	18	3	109	19	2
二氯甲烷	Methylene chloride		500	74	24	2	91	22	2
丙烯腈	Acrylonitrile		500	65	25	0	75	28	0
反-1,2-二氯乙烯	*trans*-1,2-Dichloroethene		500	77	29	7	84	32	5
硝基甲烷-D_3	Nitromethane-D_3	Check	250	121	42	3	133	41	2
1,1-二氯乙烷	1,1-Dichloroethane		500	89	74	1	53	40	0
六氟苯	Hexafluorobenzene	Alpha	250	—	—	—	—	—	—
四氢呋喃-D_8	Tetrahydrofuran-D_8	Alpha	250	—	—	—	—	—	—
甲基丙烯腈	Methacrylonitrile		500	103	17	5	100	17	5
2-丁酮	2-Butanone		500	122	11	2	149	10	1
丙腈	Propionitrile		500	113	8	5	120	8	3
乙酸乙酯-^{13}C	Ethyl acetate-^{13}C	Check	2500	76	18	1	95	18	0
2,2-二氯丙烷	2,2-Dichloropropane		500	94	16	14	108	13	10
顺-1,2-二氯乙烯	*cis*-1,2-Dichloroethene		500	102	6	3	100	7	2
氯仿	Chloroform		500	101	6	4	100	7	3
五氟苯	Pentafluorobenzene	Alpha	250	—	—	—	—	—	—
溴氯甲烷	Bromochloromethane		500	100	5	2	99	5	2
1,1,1-三氯乙烷	1,1,1-Trichloroethane		500	91	18	14	113	13	10
1,1-二氯丙烯	1,1-Dichloropropene		500	99	21	18	128	15	15
四氯化碳	Carbon tetrachloride		500	80	22	15	122	17	14
苯-D_6	Benzene-D_6	Alpha	500	—	—	—	—	—	—
1,2-二氯乙烷-D_4	1,2-Dichloroethane-D_4	Alpha	250	—	—	—	—	—	—
1,2-二氯乙烷	1,2-Dichloroethane		500	100	3	2	99	3	2
苯	Benzene		500	102	3	1	101	3	1
氟苯	Fluorobenzene	Alpha	250	—	—	—	—	—	—
1,4-二氟苯	1,4-Difluorobenzene	Alpha	250	—	—	—	—	—	—

续表

化合物中文名	化合物英文名	替代物类型	加标浓度[c]/ppb	水质基体标准[a]			金枪鱼基体标准[b]		
				化合物平均回收率[d]/%	RSD[e]/%	替代物平均回收率[f]/%	化合物平均回收率[d]/%	RSD[e]/%	替代物平均回收率[f]/%
三氯乙烯	Trichloroethene		500	71	10	6	86	8	5
1,2-二氯丙烷-D_6	1,2-Dichloropropane-D_6	Check	250	93	2	3	94	2	2
1,2-二氯丙烷	1,2-Dichloropropane		500	93	3	3	93	2	2
甲基丙烯酸甲酯	Methyl methacrylate		500	102	13	5	99	13	4
1,4-二氧六环-D_8	1,4-Dioxane-D_8	Alpha	2500	—	—	—	—	—	—
一溴二氯甲烷	Bromodichloromethane		500	75	10	2	86	11	2
1,4-二氧六环	1,4-Dioxane		500	115	3	22	108	3	11
二溴甲烷	Dibromomethane		500	92	4	4	99	4	3
4-甲基-2-戊酮	4-Methyl-2-pentanone		1000	128	20	8	108	21	6
反-1,3-二氯丙烯	*trans*-1,3-Dichloropropene		500	61	36	2	61	36	2
甲苯-D_8	Toluene-D_8	Beta	250	—	—	—	—	—	—
甲苯	Toluene		500	101	4	4	98	4	2
吡啶-D_5	Pyridine-D_5	Check/Alpha	2500	51	25	25	72	16	21
吡啶	Pyridine		500	62	21	27	81	13	20
顺-1,3-二氯丙烯	*cis*-1,3-Dichloropropene		500	61	27	2	66	27	2
甲基丙烯酸乙酯	Ethyl methacrylate		500	100	12	5	95	12	4
N-亚硝基二甲胺	*N*-Nitrosodimethylamine		3350	657	28	39	160	30	10
1,1,2-三氯乙烷-D_3	1,1,2-Trichloroethane-D_3	Check	250	80	6	4	93	6	3
2-己酮	2-Hexanone		500	141	23	9	114	23	7
1,1,2-三氯乙烷	1,1,2-Trichloroethane		500	82	5	4	93	5	3
四氯乙烯	Tetrachloroethene		500	73	16	11	106	12	10
1,3-二氯丙烷	1,3-Dichloropropane		500	99	2	5	97	2	3
二溴一氯甲烷	Dibromochloromethane		500	61	11	3	90	19	3
1,2-二溴乙烷-D_4	1,2-Dibromoethane-D_4		250	—	—	—	—	—	—
2-甲基吡啶	2-Picoline		500	163	16	38	131	11	16
1,2-二溴乙烷	1,2-Dibromoethane		500	99	4	6	99	4	4
氯苯-D_5	Chlorobenzene-D_5	Beta	250	—	—	—	—	—	—

续表

化合物中文名	化合物英文名	替代物类型	加标浓度[c]/ppb	水质基体标准[a]			金枪鱼基体标准[b]		
				化合物平均回收率[d]/%	RSD[e]/%	替代物平均回收率[f]/%	化合物平均回收率[d]/%	RSD[e]/%	替代物平均回收率[f]/%
氯苯	Chlorobenzene		500	95	3	6	99	3	4
1,1,1,2-四氯乙烷	1,1,1,2-Tetrachloroethane		500	88	4	5	95	5	3
乙苯	Ethylbenzene		500	111	7	4	110	7	2
N-亚硝基甲乙胺	*N*-Nitrosomethylethylamine		3350	516	31	31	182	27	7
m+*p*-二甲苯	*m*+*p*-Xylenes		500	107	6	4	107	6	2
苯乙烯	Styrene		500	94	3	4	95.7	3	3
邻二甲苯-D_{10}	*o*-Xylene-D_{10}		250	—	—	—	—	—	—
邻二甲苯	*o*-Xylene		500	102	4	4	101	4	3
异丙苯	Isopropylbenzene		500	116	16	8	124	15	6
溴仿	Bromoform		500	53	30	2	118	38	4
顺-1,4-二氯-2-丁烯	*cis*-1,4-Dichloro-2-butene		500	5	134	0	5	134	0
N-亚硝胺二乙胺	*N*-Nitrosodiethylamine		3350	356	31	62	168	28	18
1,1,2,2-四氯乙烷	1,1,2,2-Tetrachloroethane		500	37	62	2	144	72	5
4-溴-1-氟苯	4-Bromo-1-fluorobenzene	Check	250	92	4	4	97	3	4
1,2,3-环氧丙烷	1,2,3-Dichloropropane		500	103	10	5	98	11	4
丙苯	Propylbenzene		500	113	17	10	125	16	8
反-1,4-二氯-2-丁烯	*trans*-1,4-Dichloro-2-butene		500	0	0	0	0	0	0
1,3,5-三甲苯	1,3,5-Trimethylbenzene		500	115	9	4	113	10	3
溴苯-D_5	Bromobenzene-D_5	Beta	250	—	—	—	—	—	—
溴苯	Bromobenzene		500	96	4	5	97	3	4
邻氯甲苯	2-Chlorotoluene		500	105	4	3	107	4	3
对氯甲苯	4-Chlorotoluene		500	101	4	3	104	5	3
五氯乙烷	Pentachloroethane		500	28	54	1	135	75	5
叔丁基苯	tert-Butylbenzene		500	118	19	10	126	19	8
1,2,4-三甲苯	1,2,4-Trimethylbenzene		500	112	9	5	107	10	4
仲丁基苯	sec-Butylbenzene		500	114	24	15	134	22	13
苯胺	Aniline		500	80	36	37	57	38	15

续表

化合物中文名	化合物英文名	替代物类型	加标浓度[c]/ppb	水质基体标准[a]			金枪鱼基体标准[b]		
				化合物平均回收率[d]/%	RSD[e]/%	替代物平均回收率[f]/%	化合物平均回收率[d]/%	RSD[e]/%	替代物平均回收率[f]/%
p-甲基异丙苯	*p*-Isopropyltoluene		500	124	21	16	127	20	12
1,3-二氯苯	1,3-Dichlorobenzene		500	94	5	7	98	4	5
1,4-二氯苯	1,4-Dichlorobenzene		500	93	6	7	96	5	6
正丁基苯	*n*-Butylbenzene		500	109	22	17	128	20	15
1,2-二氯苯-D_4	1,2-Dichlorobenzene-D_4	Beta	250	—	—	—	—	—	—
邻二氯苯	1,2-Dichlorobenzene		500	91	10	10	96	9	7
全氟联苯	Decafluorobiphenyl	Beta	250	—	—	—	—	—	—
N-亚硝胺二丙胺	*N*-Nitrosodi-*n*-propylamine		3350	288	51	47	179	50	21
硝基苯-D_5	Nitrobenzene-D_5	Check	250	374	105	283	176	58	40
苯乙酮-D_5	Acetophenone-D_5	Check	1000	216	47	29	187	47	19
邻甲苯胺-D_5	*o*-Toluidine-D_5		3350	67	39	34	58	41	18
1,2-二溴-3-氯丙烷	1,2-Dibromo-3-chloropropane		500	97	39	12	107	40	10
六氯丁二烯	Hexachlorobutadiene		500	108	27	20	122	28	18
1,2,4-三氯苯-D_3	1,2,4-Trichlorobenzene-D_3	Beta	250	—	—	—	—	—	—
1,2,4-三氯苯	1,2,4-Trichlorobenzene		500	94	12	14	94	9	11
萘-D_8	Naphthalene-D_8	Check	500	85	14	18	93	12	14
萘	Naphthalene		1000	95	11	22	95	9	16
1,2,3-三氯苯	1,2,3-Trichlorobenzene		500	88	8	23	96	9	18
N-亚硝胺二丁胺	*N*-Nitrosodibutylamine		3350	25	99	19	25	115	12
2-甲基萘	2-Methylnaphthalene		3350	194	21	74	96	23	26
1-甲基萘-D_{10}	1-Methylnaphthalene-D_{10}	Beta	1000	—	—	—	—	—	—

a 用 5 ml 的水作为基体配制标准曲线。
b 用 1 g 金枪鱼作为基体配制标准曲线。
c 分析之前，向 1 g 样品中进行加标，超声混合，平衡过夜（>1000min）。
d 金枪鱼鱼肉加标（包括罐头、水包装的金枪鱼）7 次重复测定回收率均值。
e 相对标准偏差。
ND：未检出。
Int：谱图干扰，影响积分精确。
Cont：无法从背景中识别尖锐的峰。

附表 10（A） 替代物数据的例子

（第一关 相对挥发度 vs. 回收率）
（用于估计相对挥发度对 BP 替代物的影响）

中文名	英文名	沸点/℃	相对挥发度	回收率/%
氟苯	Fluorobenzene	40	3.5	99.1
1,2-二氯乙烷-D_4	1,2-Dichloroethane-D_4	37	20.0	101.2

回收率 vs. 沸点
（第一关 相对挥发度校正）

中文名	英文名	沸点	相对挥发度	回收率/%
甲苯-D_8	Toluene-D_8	111	4.28	102.0
氯苯-D_5	Chlorobenzene-D_5	131	6.27	101.3
溴苯-D_5	Bromobenzene-D_5	155	7.93	102.8
1,2-二氯苯-D_4	1,2-Dichlorobenzene-D_4	181	8.03	103.2
全氟联苯	Decafluorobiphenyl	206	3.03	103.3
1,2,4-三氯苯-D_3	1,2,4-Trichlorobenzene-D_3	213	7.88	102.8
1-甲基萘-D_{10}	1-Methylnapthalene-D_{10}	241	67.00	94.0
斜率（%每度）	Slope（% per degree）	0.000143		
140℃下的回收率	Recovery at 140℃	102.2%		
修正系数	Correction coefficient	0.758352		

回收率（BP 校正）vs. 相对挥发度

中文名	英文名	沸点	相对挥发度	回收率/%
六氟苯	Hexafluorobenzene	82	0.86	99.7
五氟苯	Pentafluorobenzene	85	1.51	99.2
氟苯	Fluorobenzene	85	3.50	98.8
1,4-二氟苯	1,4-Difluorobenzene	89	3.83	98.7
邻二甲苯-D_{10}	*o*-Xylene-D_{10}	143	6.14	100.0
氯苯-D_5	Chlorobenzene-D_5	131	6.27	99.5
1,2-二氯乙烷-D_4	1,2-Dichloroethane-D_4	84	20.00	100.9
1,2-二溴乙烷-D_4	1,2-Dibromoethane-D_4	131	26.00	101.6
四氢呋喃-D_{10}	Tetrahydrofuran-D_{10}	66	355.00	103.7
1,4-二氧六环-D_8	1,4-Dioxane-D_8	101	5800.00	97.0
吡啶-D_5	PyriDine-D_5	101	15000.00	76.2
斜率（% per ln[rel. vol.]）	Slope（% per ln[rel. vol.]）	−0.01363		

续表

回收率（BP 校正）vs. 相对挥发度				
中文名	英文名	沸点	相对挥发度	回收率/%
140℃下的回收率	Recovery at 140℃	98.2%		
修正系数	Correction coefficient	0.370579		

附表 10（B） 检查替代物的准确度例子数据

化合物中文名	化合物英文名	沸点	相对挥发度	测定回收率/%	检查替代物的准确度					
					预测		测定/预测		预测/测定	
					回收率/%	SD /ppb	回收率/%	SD /ppb	准确度	SD /ppb
可吹扫挥发性	*Purgeable volatiles*									
苯-D_6	Benzene-D_6	79	3.92	100.2	98.8	0.1	101.4	0.1	98.6	0.1
二氯甲烷	Methylene chloride	40	11.10	101.7	100.2	0.2	101.5	0.2	98.5	0.2
1,2-二氯丙烷-D_6	1,2-Dichloropropane-D_6	95	11.00	101.1	100.9	0.4	100.2	0.3	99.8	0.3
1,1,2-三氯乙烷-D_3	1,1,2-Trichloroethane-D_3	112	26.60	103.4	102.9	0.7	100.4	0.6	99.6	0.6
4-溴氟苯	4-Bromofluorobenzene	152	8.05	102.9	102.4	0.4	100.6	0.3	99.4	0.3
		均值±1	σ	101.9±1.2	101.0	1.5	100.8	0.5	99.2	0.5
半挥发性	*Semivolatiles*									
萘-D_8	Naphthalene-D_8	217	18.00	104.6	102.7	1.1	101.8	1.1	98.2	1.0
硝基苯-D_5	Nitrobenzene-D_5	210	87.50	107.1	104.7	2.7	102.3	2.6	97.7	2.5
乙酰苯-D_5	Acetophenone-D_5	202	161.00	103.1	107.3	0.2	96.1	0.2	104.0	0.2
		均值±1	σ	104.9±1.6	104.9	8.3	100.1	3.2	100.0	2.9
不可吹扫挥发性	*Non-purgeable volatiles*									
乙酸乙酯-$^{13}C_2$	Ethyl acetate-$^{13}C_2$	77	150.00	106.0	104.0	0.1	101.9	0.1	98.1	0.1
丙酮-D_6	Acetone-D_6	57	600.00	106.5	103.2	0.1	103.2	0.1	96.9	0.1
吡啶-D_5	Pyridine-D_5	115	15000.00	77.6	82.7	5.3	93.9	6.0	106.5	6.8
		均值±1	σ	96.7±13.5	96.7	7.0	99.6	2.9	100.5	4.3

附图

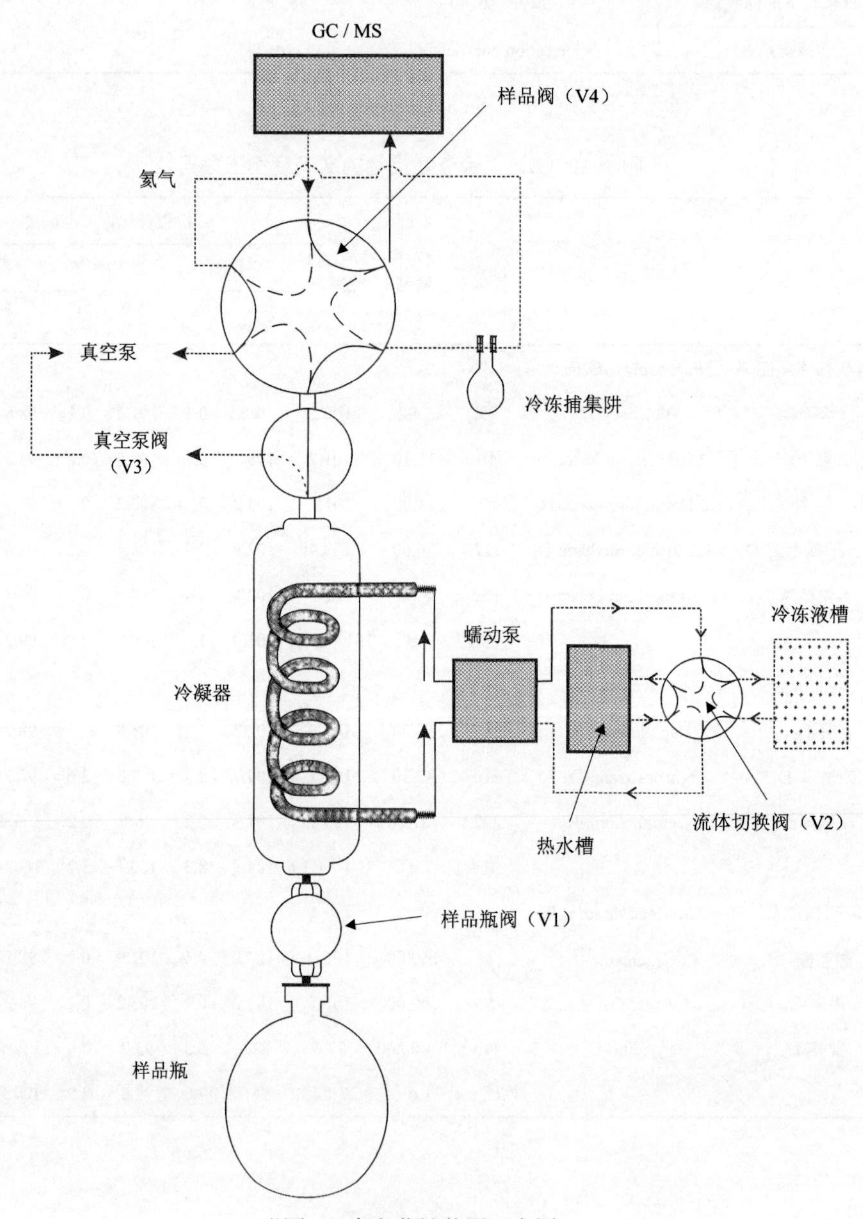

附图 1　真空蒸馏装置示意图

（a）相对挥发度

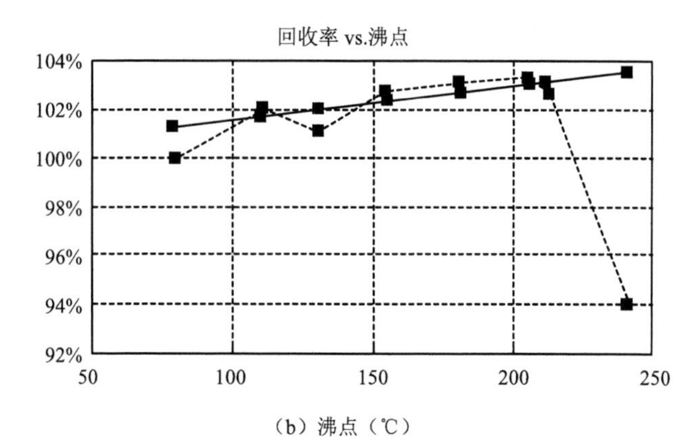

（b）沸点（℃）

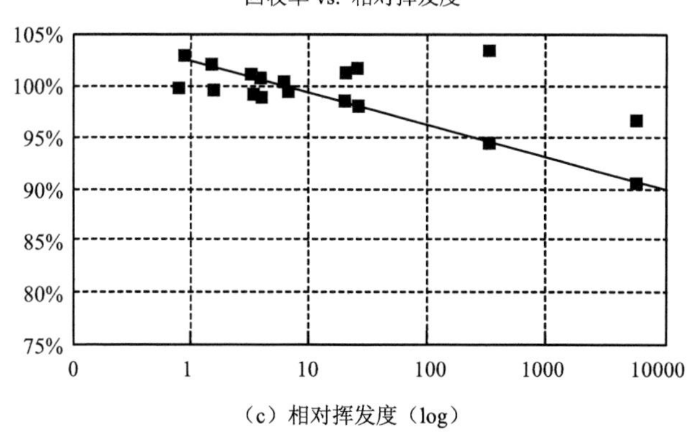

（c）相对挥发度（log）

附图 2　相对挥发性、回收率、沸点关系图

图 2 表明了相对挥发性和沸点的回收率校正对 5 ml 水质样品中的目标分析物结果的影响。结合“检查化合物”本身的数据，包括与特征分析物相关的数据，可以提供基体效应识别的方法。见附表 11A 和附表 11B 关于替代物数据的例子

附录*

表 1 适当的制备方法一览表（1.1 节表格）

化合物中文名	化合物英文名	CAS No.[b]	适当的制备方法					
			5030/5035	5031	5032	5021	5041	直接进样
丙酮	Acetone	67-64-1	ht	c	c	nd	c	c
乙腈	Acetonitrile	75-05-8	pp	c	nd	nd	nd	c
丙烯醛（醛）	Acrolein (Propenal)	107-02-8	pp	c	c	nd	nd	c
丙烯腈	Acrylonitrile	107-13-1	pp	c	c	nd	c	c
烯丙醇	Allyl alcohol	107-18-6	ht	c	nd	nd	nd	c
烯丙基氯	Allyl chloride	107-05-1	c	nd	nd	nd	nd	c
叔戊基乙基醚（TAEE）	*t*-Amyl ethyl ether (TAEE)	919-94-8	c / ht	nd	nd	c	nd	c
叔戊基甲基醚（TAME）	*t*-Amyl methyl ether (TAME)	994-05-8	c / ht	nd	nd	c	nd	c
苯	Benzene	71-43-2	c	nd	c	c	c	c
氯化苄	Benzyl chloride	100-44-7	c	nd	nd	nd	nd	c
双（2-氯乙基）醚	Bis(2-chloroethyl)sulfide	505-60-2	pp	nd	nd	nd	nd	c
溴丙酮	Bromoacetone	598-31-2	pp	nd	nd	nd	nd	c
溴氯甲烷	Bromochloromethane	74-97-5	c	nd	c	c	c	c
一溴二氯甲烷	Bromodichloromethane	75-27-4	c	nd	c	c	c	c
4-溴氟苯（替代物）	4-Bromofluorobenzene (surr)	460-00-4	c	nd	c	c	c	c
溴仿	Bromoform	75-25-2	c	nd	c	c	c	c
溴甲烷	Bromomethane	74-83-9	c	nd	c	c	c	c
正丁醇	*n*-Butanol	71-36-3	ht	c	nd	nd	nd	c
2-丁酮（MEK）	2-Butanone (MEK)	78-93-3	pp	c	c	nd	nd	c
叔丁醇	*t*-Butyl alcohol	75-65-0	ht	c	nd	nd	nd	c
二硫化碳	Carbon disulfide	75-15-0	c	nd	c	nd	c	c
四氯化碳	Carbon tetrachloride	56-23-5	c	nd	c	c	c	c
水合氯醛	Chloral hydrate	302-17-0	pp	nd	nd	nd	nd	c
氯苯	Chlorobenzene	108-90-7	c	nd	c	c	c	c
氯苯-D_5（内标）	Chlorobenzene-D_5 (IS)		c	nd	c	c	c	c
一氯二溴甲烷	Chlorodibromomethane	124-48-1	c	nd	c	nd	c	c

* 本附录为编译者补充整理。

续表

化合物中文名	化合物英文名	CAS No.[b]	适当的制备方法					
			5030/5035	5031	5032	5021	5041	直接进样
氯乙烷	Chloroethane	75-00-3	c	nd	c	c	c	c
氯乙醇	2-Chloroethanol	107-07-3	pp	nd	nd	nd	nd	c
2-氯乙基乙烯基醚	2-Chloroethyl vinyl ether	110-75-8	c	nd	c	nd	nd	c
氯仿	Chloroform	67-66-3	c	nd	c	c	c	c
氯甲烷	Chloromethane	74-87-3	c	nd	c	c	c	c
氯丁橡胶	Chloroprene	126-99-8	c	nd	nd	nd	nd	c
巴豆醛	Crotonaldehyde	4170-30-3	pp	c	nd	nd	nd	c
1,2-二溴-3-氯丙烷	1,2-Dibromo-3-chloropropane	96-12-8	pp	nd	nd	c	nd	c
1,2-二溴乙烷	1,2-Dibromoethane	106-93-4	c	nd	nd	c	nd	c
二溴甲烷	Dibromomethane	74-95-3	c	nd	c	c	c	c
邻二氯苯	1,2-Dichlorobenzene	95-50-1	c	nd	nd	c	nd	c
1,3-二氯苯	1,3-Dichlorobenzene	541-73-1	c	nd	nd	c	nd	c
1,4-二氯苯	1,4-Dichlorobenzene	106-46-7	c	nd	nd	c	nd	c
1,4-二氯苯-D_4（内标）	1,4-Dichlorobenzene-D_4 (IS)		c	nd	nd	c	nd	c
顺-1,4-二氯-2-丁烯	*cis*-1,4-Dichloro-2-butene	1476-11-5	c	nd	c	nd	nd	c
反-1,4-二氯-2-丁烯	*trans*-1,4-Dichloro-2-butene	110-57-6	c	nd	c	nd	nd	c
二氯二氟甲烷	Dichlorodifluoromethane	75-71-8	c	nd	c	c	nd	c
1,1-二氯乙烷	1,1-Dichloroethane	75-34-3	c	nd	c	c	c	c
1,2-二氯乙烷	1,2-Dichloroethane	107-06-2	c	nd	c	c	c	c
1,2-二氯乙烷-D_4（替代物）	1,2-Dichloroethane-D_4 (surr)		c	nd	c	c	c	c
1,1-二氯乙烯	1,1-Dichloroethene	75-35-4	c	nd	c	c	c	c
反-1,2-二氯乙烯	*trans*-1,2-Dichloroethene	156-60-5	c	nd	c	c	c	c
1,2-二氯丙烷	1,2-Dichloropropane	78-87-5	c	nd	c	c	c	c
1,3-二氯-2-丙醇	1,3-Dichloro-2-propanol	96-23-1	pp	nd	nd	nd	nd	c
顺-1,3-二氯丙烯	*cis*-1,3-Dichloropropene	10061-01-5	c	nd	c	nd	c	c
反-1,3-二氯丙烯	*trans*-1,3-Dichloropropene	10061-02-6	c	nd	c	nd	c	c
1,2,3,4-二环氧丁烷	1,2,3,4-Diepoxybutane	1464-53-5	c	nd	nd	nd	nd	c
乙醚	Diethyl ether	60-29-7	c	nd	nd	nd	nd	c
二异丙醚（DIPE）	Diisopropyl ether (DIPE)	108-20-3	c / ht	nd	nd	c	nd	c
1,4-二氟苯（内标）	1,4-Difluorobenzene (IS)	540-36-3	c	nd	nd	nd	c	nd

续表

化合物中文名	化合物英文名	CAS No.[b]	适当的制备方法					
			5030/5035	5031	5032	5021	5041	直接进样
1,4-二氧六环	1,4-Dioxane	123-91-1	ht	c	c	nd	nd	c
环氧氯丙烷	Epichlorohydrin	106-89-8	I	nd	nd	nd	nd	c
乙醇	Ethanol	64-17-5	I	c	c	nd	nd	c
乙酸乙酯	Ethyl acetate	141-78-6	I	c	nd	nd	nd	c
乙苯	Ethylbenzene	100-41-4	c	nd	c	c	c	c
环氧乙烷	Ethylene oxide	75-21-8	pp	c	nd	nd	nd	c
甲基丙烯酸乙酯	Ethyl methacrylate	97-63-2	c	nd	c	nd	nd	c
氟苯（内标）	Fluorobenzene (IS)	462-06-6	c	nd	nd	nd	nd	nd
乙基叔丁基醚（ETBE）	Ethyl tert-butyl ether (ETBE)	637-92-3	c / ht	nd	nd	c	nd	c
六氯丁二烯	Hexachlorobutadiene	87-68-3	c	nd	nd	c	nd	c
六氯乙烷	Hexachloroethane	67-72-1	I	nd	nd	nd	nd	c
2-己酮	2-Hexanone	591-78-6	pp	nd	c	nd	nd	c
碘甲烷	Iodomethane	74-88-4	c	nd	c	nd	c	c
异丁醇	Isobutyl alcohol	78-83-1	ht / pp	c	nd	nd	nd	c
异丙苯	Isopropylbenzene	98-82-8	c	nd	nd	c	nd	c
丙二腈	Malononitrile	109-77-3	pp	nd	nd	nd	nd	c
甲基丙烯腈	Methacrylonitrile	126-98-7	pp	I	nd	nd	nd	c
甲醇	Methanol	67-56-1	I	c	nd	nd	nd	c
二氯甲烷	Methylene chloride	75-09-2	c	nd	c	c	c	c
甲基丙烯酸甲酯	Methyl methacrylate	80-62-6	c	nd	nd	nd	nd	c
4-甲基-2-戊酮（MIBK）	4-Methyl-2-pentanone (MIBK)	108-10-1	pp	c	c	nd	nd	c
甲基叔丁基醚（MTBE）	Methyl tert-butyl ether (MTBE)	1634-04-4	c / ht	nd	nd	c	nd	c
萘	Naphthalene	91-20-3	c	nd	c	nd	nd	c
硝基苯	Nitrobenzene	98-95-3	c	nd	nd	nd	nd	c
2-硝基丙烷	2-Nitropropane	79-46-9	c	nd	nd	nd	nd	c
N-亚硝基二正丁胺	*N*-Nitroso-di-*n*-butylamine	924-16-3	pp	c	nd	nd	nd	c
三聚乙醛	Paraldehyde	123-63-7	pp	c	nd	nd	nd	c
五氯乙烷	Pentachloroethane	76-01-7	I	nd	nd	nd	nd	c
2-戊酮	2-Pentanone	107-87-9	pp	c	nd	nd	nd	c
2-甲基吡啶	2-Picoline	109-06-8	pp	c	nd	nd	nd	c

续表

化合物中文名	化合物英文名	CAS No.[b]	适当的制备方法					
			5030/5035	5031	5032	5021	5041	直接进样
正丙醇	1-Propanol	71-23-8	ht / pp	c	nd	nd	nd	c
异丙醇	2-Propanol	67-63-0	ht / pp	c	nd	nd	nd	c
丙炔醇	Propargyl alcohol	107-19-7	pp	I	nd	nd	nd	c
β-丙内酯	*β*-Propiolactone	57-57-8	pp	nd	nd	nd	nd	c
丙腈（乙基氰）	Propionitrile (ethyl cyanide)	107-12-0	ht	c	nd	nd	nd	pc
正丙胺	*n*-Propylamine	107-10-8	c	nd	nd	nd	nd	c
吡啶	Pyridine	110-86-1	I	c	nd	nd	nd	c
苯乙烯	Styrene	100-42-5	c	nd	c	c	c	c
1,1,1,2-四氯乙烷	1,1,1,2-Tetrachloroethane	630-20-6	c	nd	nd	c	c	c
1,1,2,2-四氯乙烷	1,1,2,2-Tetrachloroethane	79-34-5	c	nd	c	c	c	c
四氯乙烯	Tetrachloroethene	127-18-4	c	nd	c	c	c	c
甲苯	Toluene	108-88-3	c	nd	c	c	c	c
甲苯-D_8（替代物）	Toluene-D_8 (surr)	2037-26-5	c	nd	c	c	c	c
邻甲苯胺	*o*-Toluidine	95-53-4	pp	c	nd	nd	nd	c
1,2,4-三氯苯	1,2,4-Trichlorobenzene	120-82-1	c	nd	nd	c	nd	c
三氯乙烷	1,1,1-Trichloroethane	71-55-6	c	nd	c	c	c	c
1,1,2-三氯乙烷	1,1,2-Trichloroethane	79-00-5	c	nd	c	c	c	c
三氯乙烯	Trichloroethene	79-01-6	c	nd	c	c	c	c
三氯氟甲烷	Trichlorofluoromethane	75-69-4	c	nd	c	c	c	c
1,2,3-三氯丙烷	1,2,3-Trichloropropane	96-18-4	c	nd	c	c	c	c
醋酸乙烯酯	Vinyl acetate	108-05-4	c	nd	c	nd	nd	c
氯乙烯	Vinyl chloride	75-01-4	c	nd	c	c	c	c
邻-二甲苯	*o*-Xylene	95-47-6	c	nd	c	c	c	c
间-二甲苯	*m*-Xylene	108-38-3	c	nd	c	c	c	c
对-二甲苯	*p*-Xylene	106-42-3	c	nd	c	c	c	c

a 见 EPA8260C 1.2 节其他适当的样品制备技术。
b CAS 登记号。
c = 通过这种技术有满意的响应。
ht = 方法仅在 80℃下吹扫。
nd = 未检出。
I = 对于此化合物此技术不合适。
pc = 色谱行为较差。
pp = 吹扫效率低，导致高估计定量限。
surr = 替代物。
IS = 内标。

4 EPA 5031 采用共沸蒸馏法处理不可吹扫的水溶性挥发性化合物

4.1 适用范围及应用

（1）EPA 5031 方法描述了采用共沸蒸馏法分离水样或固态基体渗滤液中不可吹扫的水溶性挥发性有机化合物的过程。在 EPA 8260 方法中，选用适当的气相色谱/质谱（GC / MS）测定步骤。在 EPA 8015 方法中，选用适当的气相色谱/氢火焰离子（GC / FID）测定分析步骤。对于用 EPA 5030 方法难以实现吹扫捕集的化合物，可选择 EPA 5031 方法。EPA 5031 方法适用于测定表 4-1 中的化合物：

表 4-1 共沸蒸馏法适用的化合物

化合物中文名	化合物英文名	CAS No.[a]
丙酮	Acetone	67-64-1
乙腈	Acetonitrile	75-05-8
丙烯腈	Acrylonitrile	107-13-1
丙烯醇	Allyl alcohol	107-18-6
1-丁醇	1-Butanol	71-36-3
叔丁醇	*t*-Butyl alcohol	75-65-0
巴豆醛	Crotonaldehyde	4170-30-3
1,4-二氧六环	1,4-Dioxane	123-91-1
乙醇	Ethanol	64-17-5
乙酸乙酯	Ethyl Acetate	141-78-6
环氧乙烷	Ethylene oxide	75-21-8
异丁醇	Isobutyl alcohol	78-83-1
甲醇	Methanol	67-56-1

续表

化合物中文名	化合物英文名	CAS No.[a]
2-丁酮	Methyl ethyl ketone	78-93-3
甲基异丁基酮	Methyl isobutyl ketone	108-10-1
亚硝基二正丁胺	*N*-Nitroso-di-*n*-butylamine	924-16-3
三聚乙醛	Paraldehyde	123-63-7
2-戊酮	2-Pentanone	107-87-9
2-甲基吡啶	2-Picoline	109-06-8
1-丙醇	1-Propanol	71-23-8
2-丙醇	2-Propanol	67-63-0
丙腈	Propionitrile	107-12-0
吡啶	Pyridine	110-86-1
邻甲苯胺	*o*-Toluidine	95-53-4

a 化学文摘索引号

（2）本方法或许能成功分离更多的化合物，但是，只有在实验室对每一种化合物进行测试且获得可接受的精密度和准确度数据之后，才能采用本方法检测其他化合物。一般情况下，化合物与水形成共沸混合物时，若含有 50%以上的分析物且共沸混合物沸点小于 100℃，可成功蒸馏分离。本方法分离化合物能力的初步研究结果（文献 4）表明，表 4-2 中列示的化合物采用本方法分离效果不理想：

表 4-2　共沸蒸馏法不适用的化合物

化合物中文名	化合物英文名	CAS No.
丙烯醛	Acrolein	107-02-8
苯胺	Aniline	62-53-3
二甲基甲酰胺	Dimethylformamide	68-12-2
乙二醇乙醚	2-Ethoxyethanol	110-80-5
甲基丙烯腈	Methacrylonitrile	126-98-7
苯酚	Phenol	108-95-2
丙炔醇	Propargyl alcohol	107-19-7

（3）检测方法中列出了方法检出限（MDLs）和分析物的浓度范围。样品实

际的方法检出限可能与所列数据不同，这取决于样品基体中的干扰物特性。

（4）本方法必须由具备定量分离技术的分析人员使用，或在其监督下使用。每个分析人员必须具有使用本方法产生可接受实验结果的能力。

4.2 方法概述

（1）共沸混合物是含有两种或两种以上物质但性质类似单一物质的液体混合物，在一个恒定温度下沸腾，并且释放出的蒸汽组分恒定。共沸蒸馏是将所选定的化合物与水形成二元共沸混合物，从而使化合物从复杂基体中分离出来的一种技术。

（2）大型蒸馏技术：取 1 L 水样，调节 pH[①]为 7，用微量进样针加入替代物，置于 2 L 蒸馏烧瓶中，加热蒸馏 1 h，极性的挥发性有机化合物收集在蒸馏液收集腔内（附图 1）。当收集腔内溢出的冷凝物回流到蒸馏烧瓶时，与上升的蒸汽接触，挥发性有机化合物被上升的蒸汽带走并循环冷凝回流到蒸馏液收集腔内，收集腔内的蒸馏液直接注射到 GC / MS 或 GC / FID 检测并定量。

（3）微型蒸馏技术：使用微型蒸馏系统蒸馏样品（通常为 5 g 或者 40 ml），并且收集前 100～300 μl 的蒸馏液。在此过程中，水溶性挥发性有机化合物被蒸馏浓缩到馏出物中，而大多数半挥发性有机化合物和非挥发性有机化合物则留在蒸馏烧瓶中。建议加入内标以提高方法精确度。通常，土壤和水基体样品的浓缩系数分别为 1 个和 2 个数量级。蒸馏过程需 5～6 min。收集腔内的蒸馏液直接注射到 GC / MS 或 GC / FID 检测并定量。

4.3 干扰

（1）干扰可能源于溶剂、试剂、玻璃器皿和其他样品处理设备中的污染物，这些干扰会造成分散干扰峰及/或色谱图的基线提升。所有这些材料都必须例行采用与样品分析相同的条件进行空白分析，以验证其不会对样品分析造成干扰。

①玻璃器皿必须严格地清洗。所有的玻璃器皿在使用后需尽快用甲醇冲洗[②]，

---

① 笔者建议用硫酸和氢氧化钠溶液调节 pH，勿用盐酸。

② 若样品含有油，不溶于甲醇，可尝试采用聚乙二醇（PEG）或十六烷代替甲醇。

再用蒸馏水淋洗，沥干后，置于105℃烘箱内烘干，以备下次分析使用。若使用洗涤剂清洗，必须注意避免洗涤剂残留在玻璃器皿上。干燥冷却后，将玻璃容器置于清洁环境中保存，避免灰尘或其他污染物沉积。也可以采用其他清洁方式，但必须保证能有效地清除污染物。

②若含低浓度挥发性有机物的样品直接在高浓度样品分析后立即进行分析，也有可能造成污染，可插入一个或多个空白分析以检查交叉污染。

③分析含高浓度挥发性有机物的样品后，应进样分析一个或多个空白分析以检查交叉污染情况。

（2）样品中的污染物可能会引起基体干扰，其干扰程度随样品来源不同而变化很大，取决于采样时样品基体的性质和多样性。在随后的样品中若发现有明显的干扰，必须采取额外的净化措施。

4.4 仪器和材料

4.4.1 大型蒸馏系统

（1）圆底烧瓶：2 L，14/20 磨砂口接头。

（2）韦氏（Vigreux）分馏柱：长 20 cm，14/20 磨砂口接头。

（3）改进的 Nielson-Kryger 仪器（附图 1 所示）：此玻璃器材可由玻璃吹工制作，或购买类似的器材，然后根据附图 1 所示的尺寸通过玻璃吹工进行改进。

（4）冷却循环泵：每套蒸馏装置应配备一套。也可用水冷却器代替冷却循环泵，使用冰水，使蒸馏冷凝管维持 0～5℃。

（5）隔热容器：5 加仑，装入冰水可维持冷凝管的温度。

（6）定容玻璃器皿：10 ml A 级容量瓶，1～3 ml 各种规格的移液管。

（7）样品/标样瓶：4g，玻璃制，带有聚四氟乙烯密封垫的螺旋盖式或夹压式密封盖。

（8）pH 试纸：精密 pH 试纸（pH 6.0～8.0）。

4.4.2 微型蒸馏系统

（1）Wadsworth MicroVOC 系统：Shamrock 玻璃制或等质。

①圆底烧瓶：100 ml，14/20 号磨砂口接头。

②分馏柱：14/20 号磨砂口接头，外径 1.6 cm，内径 1.3 cm，长 60 cm（附图 2）。

③管柱保温棉：聚氨酯泡沫，外径 1.5 in，内径 0.5 in，长 55 cm。

④玻璃珠：外径 5 mm。

⑤keck 夹子：用于夹紧 14/20 号磨砂口接头。

⑥玻璃转接头：一端为 14/20 号磨砂口接头，另一端为外径 6 mm 的管道（见图 3）。

⑦不锈钢转接头：1/16～1/4 inch。

⑧空气冷凝管：聚四氟乙烯材料的管道，外径 1/16 in，内径 1/32 in，长 40 cm，或等效物。

（2）铁架台：高 1 m。

（3）三指夹子。

（4）加热套：115 V，230 W。

（5）温控装置：115 V，600 W。

（6）多孔碳沸石。

（7）自动进样瓶：玻璃材质，带有聚四氟乙烯密封垫的螺旋盖式或夹压式密封盖。

（8）自动进样瓶内管：100 μl，通过加入已知体积的溶液且在瓶侧标记位置从而进行体积校正。

4.4.3　分析天平

可精确到 0.0001 g。

4.4.4　微量注射器

各种规格。

4.5　试剂

4.5.1　试剂

本方法中使用的试剂均为化学纯。如无特别说明，所有试剂均应符合美国化学会分析试剂委员会要求。在确定纯度足够高、不降低测定准确性的前提下，其他级别的试剂也可使用。

4.5.2 不含有机物的试剂水

本方法用水均指不含有机物的试剂水，参见第一章。

4.5.3 磷酸二氢钾（KH_2PO_4，大型蒸馏技术）

4.5.4 磷酸一氢钠（Na_2HPO_4，大型蒸馏技术）

4.5.5 氯化钠（NaCl，大型蒸馏技术）

4.5.6 标准贮备液

由纯标准物质配制而成，或直接购买经认证的标准溶液。

（1）用不含有机物的试剂水配制一系列含有目标分析物的标准贮备液，每瓶储备液包含一种目标物①。将 9 ml 的不含有机物的试剂水加入 10 ml 的磨口容量瓶中，称重准确到 0.0001 g，加入分析标准物，详述如下：

①标准样品为液体时，用 100 µl 的注射器将两滴或数滴标准溶液快速滴到容量瓶中。用密度估计需滴入的体积，使标准溶液的质量约为 0.100 g。溶液必须直接滴入到水中，不能与容量瓶的瓶颈接触。

②标准样品为固体时，加入足够的标准物至容量瓶中，使其质量约为 0.100 g。

注意：*N*-甲硝基二正丁胺（*N*-nitroso-di-*n*-butylamine）在水中的溶解度为 1000 mg/L，其他标准储备液为 10000 mg/L。

（2）再次称重，稀释至刻度，盖紧瓶塞，上下颠倒数次使液体混合均匀。依据标准物的净重量计算浓度，以毫克每升（mg/L）表示。若化合物的纯度大于或等于 96%，可直接用称量的质量计算标准贮备液浓度而无须校正。商品化的标准溶液②只要经过制造商或独立机构的检定，任何浓度均可使用。

（3）将标准贮备液转入带有聚四氟乙烯密封垫螺旋盖的瓶中，以最小的顶空

① 由于不同物质在水中的溶解度和保存时间不一样，配制标准储备液时可考虑分别配制，二级稀释液再配制成混标。溶解度和保存时间类似的物质标准储备液也可直接配制成混标。

② 标准溶液的溶剂最好是水，但不能是疏水性溶剂，如正己烷，否则目标物不能在水中均匀分布，会对取样产生影响。水溶性溶剂可以使目标物均匀地分布在水中，但水溶性溶剂太多，对共沸蒸馏可能产生影响，用质谱进行全扫描分析时，巨大的溶剂峰可能掩盖目标物。

空间，避光保存于4℃环境中。

（4）必须每个月制备新的标准贮备液。对于一些活性物质，如丙烯腈和*N*-甲硝基二正丁胺，可能需要更为频繁地更换。标准贮备液需密切监测。对于校准要求需参阅个别的测定方法。

4.5.7　二级稀释标准液

用不含有机物的试剂水将适量的标准贮备液稀释，根据需要，配制成含有单个或混合的化合物。应经常对二级稀释标准液的降解或挥发情况进行检查，特别是在用于制备校正标准溶液之前。将二级稀释标准液以最小的顶空空间储存在瓶内，并保存在没有有机试剂的冰箱。如果与质控溶液比较，二级稀释标准液应经常监测，其变化超过20%时需立即更换。

4.5.8　替代物贮备液与替代物添加液

（1）GC / MS替代物：EPA 8260方法推荐用于GC / MS分析的替代物包括丙酮-D_6、乙腈-D_3、甲醇-D_3、吡啶-D_5、1,4-二氧六环-D_8、苯酚-D_5。虽然不是所有的分析物都有现成的、相对应的替代物，但是通过同位素稀释方法进行定量分析可以获得较高的准确度。按照4.5.6节的操作配制替代物贮备液，用贮备液配制成某一浓度的替代物添加液，将50 μl替代物添加液加入样品中，与样品一起蒸馏浓缩后，替代物的浓度在仪器线性范围中间位置，一般为1000 mg/L。每一个进入GC / MS系统分析的样品必须在蒸馏前加入替代物添加液（一般添加50 μg）。

（2）GC / FID替代物：当采用GC / FID法（EPA 8015方法）进行分析时，氟化醇类和氟化酮类可以作为替代物，前提是替代物不能与目标分析物在色谱柱上同时出峰。目前为止，当采用GC / FID分析1.1节列出的所有化合物时，还没有一种替代物可以推荐。在蒸馏之前，一般将50 μg氟化的替代物加入到每一个样品中。

注意：对于小体积的样品，当替代物添加的体积大于200 μl时，可能会将样品过分地稀释而导致分析物的回收率降低。

4.5.9　内标

（1）GC / MS内标：当采用GC / MS法（EPA8260方法）分析时，建议使用的内标包括二甘醇二甲醚-D_{14}、异丙醇-D_6、二甲基甲酰胺-D_7、苯甲醇-D_5。与被检测分析的化合物具有相似保留时间的其他化合物也可以作为内标。由于在水溶液基体中容易出现同位素交换，所以应注意避免使用氘代活泼氢的化合物。在进行 GC / MS 分析之前，添加到每一个蒸馏后蒸馏液中的二级稀释标准溶液的浓度和体积必须与所选的方法保持一致。

（2）GC / FID 内标：当采用 GC / FID（EPA 8015 方法）分析时，卤代醇、卤代酮和卤代腈可以作为内标。六氟异丙醇、六氟-2-甲基异丙醇、2-一氯乙腈为推荐使用的内标，但是这些化合物不一定适合所有的基体。一般在蒸馏之前，每个样品中要添加 5～50 μg 的各个内标，添加的总体积不能超过 1 ml，避免过量的稀释样品和降低分析物的回收率。无论如何，在蒸馏前，添加到样品的内标二级稀释标准溶液浓度和体积必须与所选的方法保持一致。乙醇或其他醇类可以作为内标，前提是它们不是分析物且不存在于样品中。

4.5.10　校准标准

按照所采用的测定方法（EPA 8015 方法或 EPA 8260 方法）推荐的分析物、替代物和内标的浓度配制校准标准溶液。所有校准标准溶液应该用与样品一样的微型蒸馏步骤进行蒸馏[①]。

4.5.11　储存

将所有标准液移至带有聚四氟乙烯密封垫螺旋盖的瓶子中，以最小的顶空空间于 4℃下冷藏。

4.6　样品的采集、保存及处理

（1）参见本章第 4.1 节。

注意：目前，还没有评估还原剂或保存剂对本方法性能的影响。由于几乎所有的保存剂对分析都有一定的潜在干扰，所以样品的保存比较困难。大多数样品

① 根据 4.5.10 节，无论做水样还是固体样品，标准曲线制作均采用微型蒸馏步骤。这与 7.2.1.1 节微型蒸馏中提到的“样品体积必须与校准标准溶液体积相同”不一致。大型蒸馏需要 1h，收集蒸馏液若干毫升；微型蒸馏需要几分钟，收集蒸馏液 100～300 μl。

的最好保存方法是存储于4℃下。

（2）从样品采集开始，在规定的样品放置时间内分析样品[①]。

（3）将蒸馏物密封在瓶中，并且保存在无有机试剂的4℃冰箱内。建议蒸馏后24 h内对蒸馏液进行分析，7 d内必须完成蒸馏液的分析[②]。

4.7 步骤

4.7.1 大型蒸馏程序

（1）按照附图1所示安装共沸蒸馏装置，将冰和水加入5加仑的隔热容器中，或将冷凝管连接水冷却器，使冷凝管的温度需保持0～5℃非常关键。

（2）用1000 ml量筒量取1 L样品，置于1 L锥形瓶中。加入3.40 g KH_2PO_4 和3.55 g Na_2HPO_4，放在搅拌器上用搅拌棒缓慢搅拌直至溶解，用精密pH试纸测试pH，样品的pH应在6.8～7.0，若趋于酸性则加入 Na_2HPO_4，若趋于碱性则加入 KH_2PO_4。

（3）将上述缓冲样品转移至2 L的圆底烧瓶中，加入250 g NaCl。加入盐对于某些化合物可以提高方法的性能。

（4）在样品中加入50 μl的替代物添加液（见4.5.8节）。

（5）装上韦氏（Vigreux）分馏柱，再接上冷凝管。

（6）打开循环泵或冷水器，打开加热套加热。开始沸腾后，将加热套的电压功率降低10%～15%，以维持平稳地沸腾。

（7）沸腾30 min后，用5 ml的注射器从收集腔内抽取蒸馏液，置于带有聚四氟乙烯密封垫螺旋盖的瓶子中。再过30 min后，抽取第二次蒸馏液，合并两次蒸馏液，称重。

（8）加入内标物使蒸馏液浓度为10 mg/L（例如：6 ml的蒸馏液需加入60 μg的内标），混合均匀，于4℃下保存直至分析。

4.7.2 微型蒸馏程序

（1）水溶液样品。

①取40 ml混合均匀的样品置于100 ml的圆底烧瓶中，样品体积必须与校准

---

① 原文没有对何时必须完成蒸馏做出说明，但最好尽快进行蒸馏处理。

② 最好是在24 h内进行上机测定，若不能完成，则7 d内必须完成。

标准溶液体积相同。如果样品量有限，可以加入更小体积的样品，但浓缩倍数也要相应地减少，或者可加入不含有机物的试剂水使其体积与其他样品的体积相同。

加入大约 0.14 g KH_2PO_4 和 0.14 g Na_2HPO_4，缓慢搅拌或旋转直至缓冲盐溶解。用精密 pH 试纸调节 pH，使样品的 pH 在 6.8～7.0，若趋于酸性则加入 Na_2HPO_4，若趋于碱性则加入 KH_2PO_4。

②加入适当体积的替代物、内标和基体加标液。

③加入 5～10 粒沸石到烧瓶中，并将烧瓶置于加热套中。

（2）固体样品。

①取 5 g 样品加入到 100 ml 的圆底烧瓶中。

②加入适当体积的替代物、内标和基体加标液。

③在烧瓶中加入 40 ml 的不含有机物的试剂水，并将烧瓶置于加热套中。

（3）组装微型蒸馏系统（附图 4）。

①将空气冷凝管连接不锈钢转接头（附图 3）。空气冷凝管和接头必须完全干燥，避免稀释和污染蒸馏液。

②将玻璃珠装入分馏柱内。分馏柱和玻璃珠必须完全干燥。

③用聚氨酯隔热棉将分馏柱保温，再将分馏柱接到 100 ml 的圆底烧瓶上，调整三指夹子使分馏柱保持垂直。

④分馏柱顶端接上转接头，用 Keck 夹子或三指夹子固定位置。

⑤空气冷凝管的出口端插上收集瓶。

（4）以足够快的速度加热样品，使水样在 2～4 min 内沸腾，固体样品在 3～5 min 内沸腾。按照 4.4.2 节步骤（4）描述的方法使用加热套，此时加热速率分别相当于设置变阻器的 75%和 60%。

（5）收集前 100～300 μl 的蒸馏液，将其置于带有刻度的小样品瓶。

①冷凝管中可能会出现一些气泡，导致很难准确收集 100 μl 蒸馏液，但经过练习可以获得在可接受范围内的结果。

注：一旦蒸汽开始在分馏柱顶端冷凝，通常在 10～30 s 内就可收集 100 μl 蒸馏液。

②收集蒸馏液时，可将冷凝管从收集瓶缓慢移出，此操作可排除气泡且不会将蒸馏液带出。当蒸馏液体积达到 100 μl 时，迅速将冷凝管从收集瓶中移出。

③用更大的收集瓶可以收集更多的蒸馏液，但是这种情况下，浓缩倍数会相应地降低，且冷凝时间长，可能需要水冷凝设备。收集前 100 μl 蒸馏液后，蒸汽

流量会持续增加，甚至超过空气冷凝管的制冷量，此时，将冷凝管加长到 100 cm 可能会有帮助。

注：当从 40 ml 或 5 g 样品中收集 100 μl 蒸馏液，理论上浓缩倍数分别为 400 和 50，但是目标分析物的绝对回收率只有 10%～40%。因此，水样的实际浓缩倍数大约是 2 个数量级，固体样品的实际浓缩倍数大约是 1 个数量级。将校准标准溶液进行蒸馏作为回收率低的补偿。

（6）盖好收集的蒸馏液，保存在 4℃直至分析。

（7）关闭电热套，等待蒸馏系统冷却。当系统尚未冷却时，不要试图拆下装置。因为在蒸馏过程中，系统内形成了很强的蒸汽压力，此时若拆下装置会引起气爆。不建议使用更小内径的冷凝管或更大功率的加热设备，因为这可能导致蒸馏系统内蒸汽上升到一个不安全的压力。

4.7.3 样品分析

（1）可以使用适当的 GC 或 GC / MS 方法，如 EPA 8015 方法和 EPA 8260 方法，参考这些方法找到适当分析条件。

（2）在分析之前，所有的蒸馏液和标准溶液必须回温到室温。

4.8 质量控制

（1）参见第一章，特殊的质量控制程序参见 EPA 8000 方法。

（2）参考 EPA 8000 方法和所选的分析方法建立体系以获得可接受的精密度和准确度。

4.9 方法性能

参见 EPA 8015 方法和 EPA 8260 方法的性能数据。

4.10 安全性

以下的目标分析物已知或怀疑是人类致癌物：丙烯腈和 1,4-二氧六环。使用这些化合物的纯标准物质和标准贮备溶液时应在通风橱下操作。

参考文献

Peters, T.L. "Steam Distillation Apparatus for Concentration of Trace Water Soluble Organics"; Anal Chem., 1980, 52(1), 211-213.

Cramer, P.H., Wilner, J., and Stanley, J.S., "Final Report: Method for Polar, Water Soluble, Nonpurgeable Volatile Organics (VOCs)", For U.S. EPA, Environmental Monitoring Support Laboratory, EPA Contract No. 68-C8-0041.

Lee, R.P., Bruce, M.L., and Stephens, M.W., "Test Method Petition to Distill Water Soluble Volatile Organic Compounds from Aqueous Samples by Azeotropic Microdistillation", submitted by Wadsworth/ALERT Laboratories Inc., N. Canton, OH, January, 1991.

Bruce, M.L., Lee, R.P., and Stephens, M.W., "Concentration of Water Soluble Volatile Organic Compounds from Aqueous Samples by Azeotropic Microdistillation", Environ. Sci. Technol., 1992, 26, 160-163.

附图

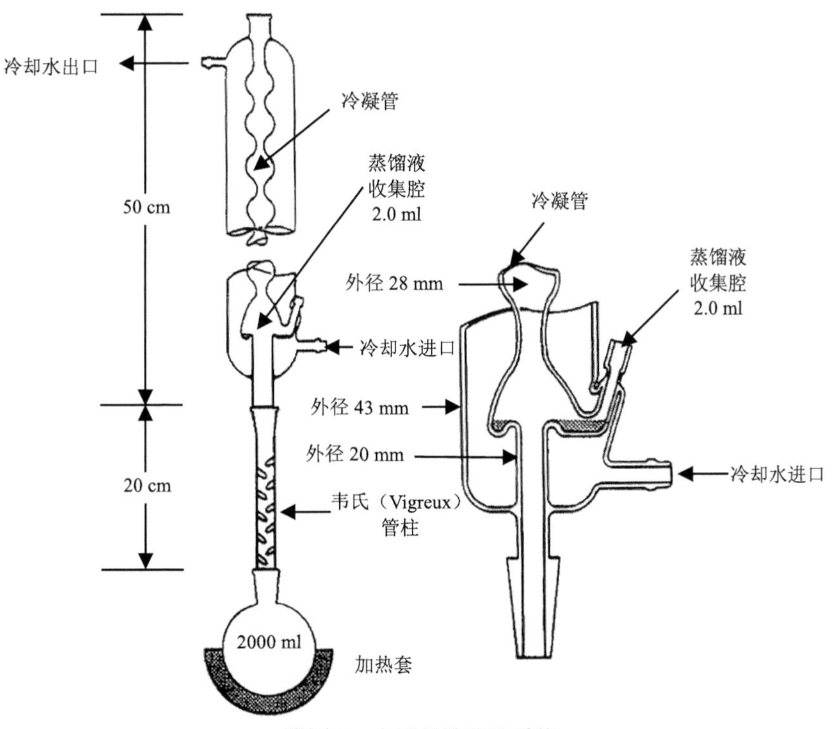

附图 1 大型共沸蒸馏系统

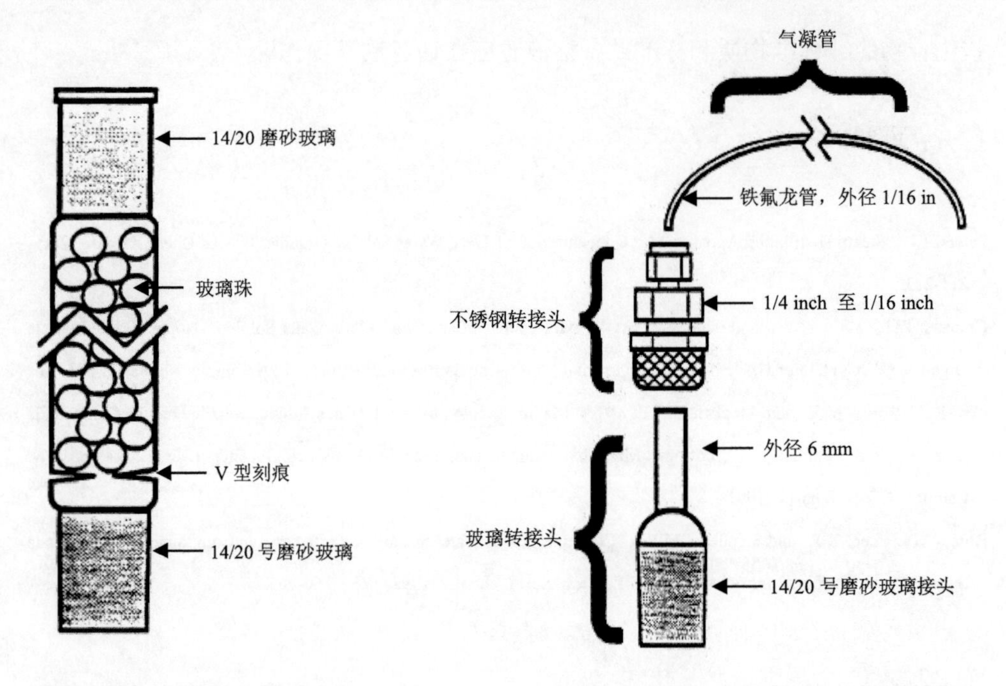

附图2 微型共沸蒸馏系统蒸馏管

附图3 微型共沸蒸馏系统气凝管与转接头

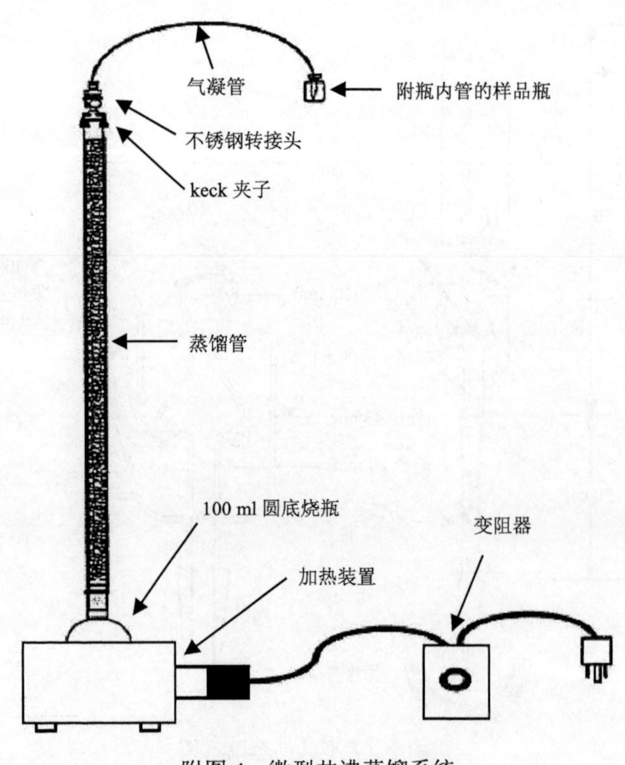

附图 4 微型共沸蒸馏系统

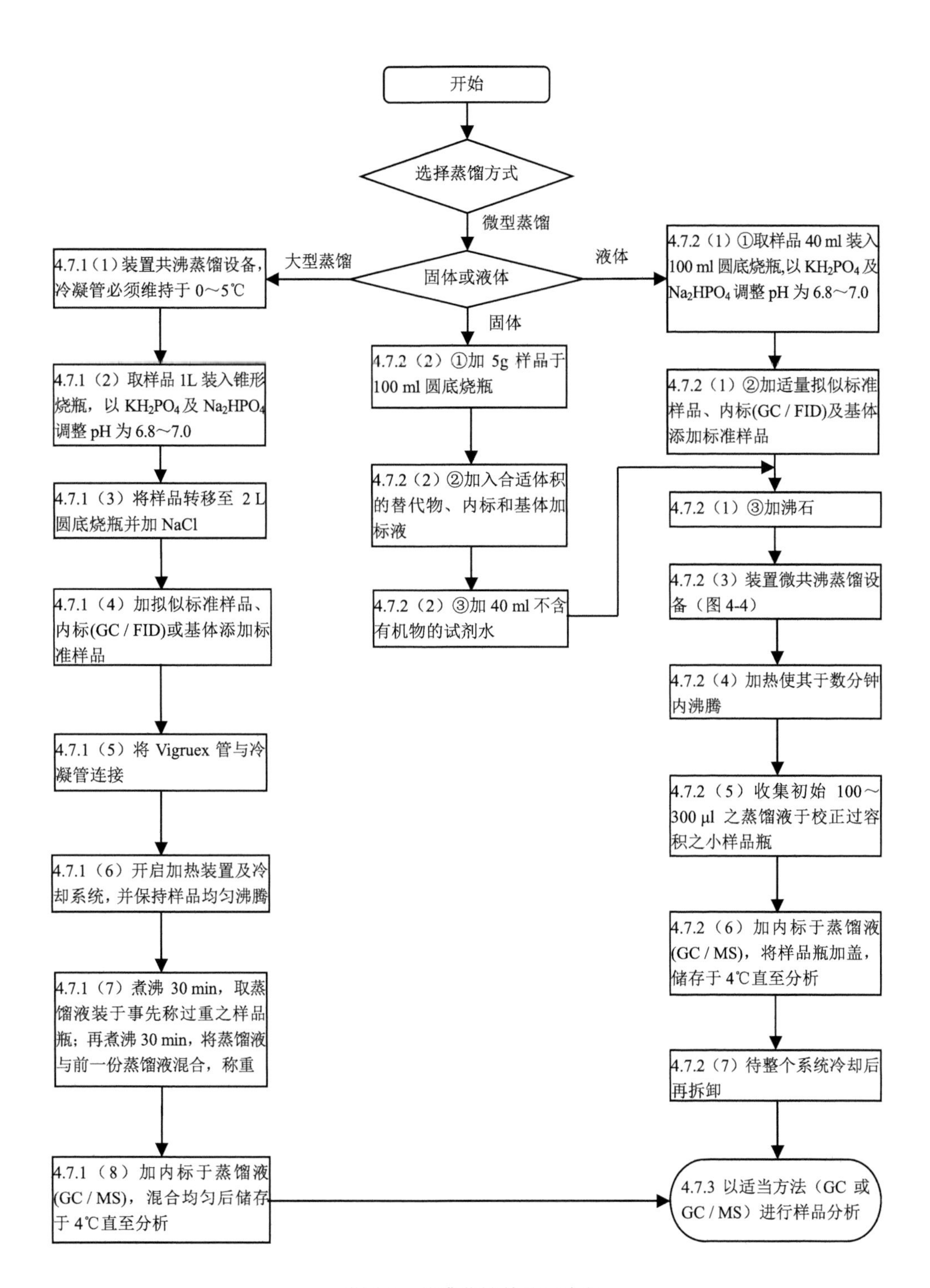

附图 5 共沸蒸馏前处理流程

附录*

表 1　EPA 8260 适当的制备方法一览表（1.1 节表格）

化合物中文名	化合物英文名	CAS No.[b]	适当的制备方法					
			5030/5035	5031	5032	5021	5041	直接进样
丙酮	Acetone	67-64-1	ht	c	c	nd	c	c
乙腈	Acetonitrile	75-05-8	pp	c	nd	nd	nd	c
丙烯醛（醛）	Acrolein (Propenal)	107-02-8	pp	c	c	nd	nd	c
丙烯腈	Acrylonitrile	107-13-1	pp	c	c	nd	c	c
烯丙醇	Allyl alcohol	107-18-6	ht	c	nd	nd	nd	c
烯丙基氯	Allyl chloride	107-05-1	c	nd	nd	nd	nd	c
叔戊基乙基醚（TAEE）	*t*-Amyl ethyl ether (TAEE)	919-94-8	c / ht	nd	nd	c	nd	c
叔戊基甲基醚（TAME）	*t*-Amyl methyl ether (TAME)	994-05-8	c / ht	nd	nd	c	nd	c
苯	Benzene	71-43-2	c	nd	c	c	c	c
氯化苄	Benzyl chloride	100-44-7	c	nd	nd	nd	nd	c
双（2-氯乙基）醚	Bis(2-chloroethyl)sulfide	505-60-2	pp	nd	nd	nd	nd	c
溴丙酮	Bromoacetone	598-31-2	pp	nd	nd	nd	nd	c
溴氯甲烷	Bromochloromethane	74-97-5	c	nd	c	c	c	c
一溴二氯甲烷	Bromodichloromethane	75-27-4	c	nd	c	c	c	c
4-溴氟苯（替代物）	4-Bromofluorobenzene (surr)	460-00-4	c	nd	c	c	c	c
溴仿	Bromoform	75-25-2	c	nd	c	c	c	c
溴甲烷	Bromomethane	74-83-9	c	nd	c	c	c	c
正丁醇	*n*-Butanol	71-36-3	ht	c	nd	nd	nd	c
2-丁酮（MEK）	2-Butanone (MEK)	78-93-3	pp	c	c	nd	nd	c
叔丁醇	*t*-Butyl alcohol	75-65-0	ht	c	nd	nd	nd	c
二硫化碳	Carbon disulfide	75-15-0	c	nd	c	nd	c	c
四氯化碳	Carbon tetrachloride	56-23-5	c	nd	c	c	c	c
水合氯醛	Chloral hydrate	302-17-0	pp	nd	nd	nd	nd	c

* 本附录为编译者补充整理。

续表

化合物中文名	化合物英文名	CAS No.[b]	适当的制备方法					
			5030/5035	5031	5032	5021	5041	直接进样
氯苯	Chlorobenzene	108-90-7	c	nd	c	c	c	c
氯苯-D_5（内标）	Chlorobenzene-D_5 (IS)		c	nd	c	c	c	c
一氯二溴甲烷	Chlorodibromomethane	124-48-1	c	nd	c	nd	c	c
氯乙烷	Chloroethane	75-00-3	c	nd	c	c	c	c
氯乙醇	2-Chloroethanol	107-07-3	pp	nd	nd	nd	nd	c
2-氯乙基乙烯基醚	2-Chloroethyl vinyl ether	110-75-8	c	nd	c	nd	nd	c
氯仿	Chloroform	67-66-3	c	nd	c	c	c	c
氯甲烷	Chloromethane	74-87-3	c	nd	c	c	c	c
氯丁橡胶	Chloroprene	126-99-8	c	nd	nd	nd	nd	c
巴豆醛	Crotonaldehyde	4170-30-3	pp	c	nd	nd	nd	c
1,2-二溴-3-氯丙烷	1,2-Dibromo-3-chloropropane	96-12-8	pp	nd	nd	c	nd	c
1,2-二溴乙烷	1,2-Dibromoethane	106-93-4	c	nd	nd	c	nd	c
二溴甲烷	Dibromomethane	74-95-3	c	nd	c	c	c	c
邻二氯苯	1,2-Dichlorobenzene	95-50-1	c	nd	nd	c	nd	c
1,3-二氯苯	1,3-Dichlorobenzene	541-73-1	c	nd	nd	c	nd	c
1,4-二氯苯	1,4-Dichlorobenzene	106-46-7	c	nd	nd	c	nd	c
1,4-二氯苯-D_4（内标）	1,4-Dichlorobenzene-D_4 (IS)		c	nd	nd	c	nd	c
顺-1,4-二氯-2-丁烯	*cis*-1,4-Dichloro-2-butene	1476-11-5	c	nd	c	nd	nd	c
反-1,4-二氯-2-丁烯	*trans*-1,4-Dichloro-2-butene	110-57-6	c	nd	c	nd	nd	c
二氯二氟甲烷	Dichlorodifluoromethane	75-71-8	c	nd	c	c	nd	c
1,1-二氯乙烷	1,1-Dichloroethane	75-34-3	c	nd	c	c	c	c
1,2-二氯乙烷	1,2-Dichloroethane	107-06-2	c	nd	c	c	c	c
1,2-二氯乙烷-D_4（替代物）	1,2-Dichloroethane-D_4 (surr)		c	nd	c	c	c	c
1,1-二氯乙烯	1,1-Dichloroethene	75-35-4	c	nd	c	c	c	c
反-1,2-二氯乙烯	*trans*-1,2-Dichloroethene	156-60-5	c	nd	c	c	c	c
1,2-二氯丙烷	1,2-Dichloropropane	78-87-5	c	nd	c	c	c	c
1,3-二氯-2-丙醇	1,3-Dichloro-2-propanol	96-23-1	pp	nd	nd	nd	nd	c
顺-1,3-二氯丙烯	*cis*-1,3-Dichloropropene	10061-01-5	c	nd	c	nd	c	c
反-1,3-二氯丙烯	*trans*-1,3-Dichloropropene	10061-02-6	c	nd	c	nd	c	c

续表

化合物中文名	化合物英文名	CAS No.[b]	适当的制备方法					
			5030/5035	5031	5032	5021	5041	直接进样
1,2,3,4-二环氧丁烷	1,2,3,4-Diepoxybutane	1464-53-5	c	nd	nd	nd	nd	c
乙醚	Diethyl ether	60-29-7	c	nd	nd	nd	nd	c
二异丙醚（DIPE）	Diisopropyl ether (DIPE)	108-20-3	c / ht	nd	nd	c	nd	c
1,4-二氟苯（内标）	1,4-Difluorobenzene (IS)	540-36-3	c	nd	nd	nd	c	nd
1,4-二氧六环	1,4-Dioxane	123-91-1	ht	c	c	nd	nd	c
环氧氯丙烷	Epichlorohydrin	106-89-8	I	nd	nd	nd	nd	c
乙醇	Ethanol	64-17-5	I	c	c	nd	nd	c
乙酸乙酯	Ethyl acetate	141-78-6	I	c	nd	nd	nd	c
乙苯	Ethylbenzene	100-41-4	c	nd	c	c	c	c
环氧乙烷	Ethylene oxide	75-21-8	pp	c	nd	nd	nd	c
甲基丙烯酸乙酯	Ethyl methacrylate	97-63-2	c	nd	c	nd	nd	c
氟苯（内标）	Fluorobenzene (IS)	462-06-6	c	nd	nd	nd	nd	nd
乙基叔丁基醚（ETBE）	Ethyl tert-butyl ether (ETBE)	637-92-3	c / ht	nd	nd	c	nd	c
六氯丁二烯	Hexachlorobutadiene	87-68-3	c	nd	nd	c	nd	c
六氯乙烷	Hexachloroethane	67-72-1	I	nd	nd	nd	nd	c
2-己酮	2-Hexanone	591-78-6	pp	nd	c	nd	nd	c
碘甲烷	Iodomethane	74-88-4	c	nd	c	nd	c	c
异丁醇	Isobutyl alcohol	78-83-1	ht / pp	c	nd	nd	nd	c
异丙苯	Isopropylbenzene	98-82-8	c	nd	nd	c	nd	c
丙二腈	Malononitrile	109-77-3	pp	nd	nd	nd	nd	c
甲基丙烯腈	Methacrylonitrile	126-98-7	pp	I	nd	nd	nd	c
甲醇	Methanol	67-56-1	I	c	nd	nd	nd	c
二氯甲烷	Methylene chloride	75-09-2	c	nd	c	c	c	c
甲基丙烯酸甲酯	Methyl methacrylate	80-62-6	c	nd	nd	nd	nd	c
4-甲基-2-戊酮（MIBK）	4-Methyl-2-pentanone (MIBK)	108-10-1	pp	c	c	nd	nd	c
甲基叔丁基醚（MTBE）	Methyl tert-butyl ether (MTBE)	1634-04-4	c / ht	nd	nd	c	nd	c
萘	Naphthalene	91-20-3	c	nd	nd	c	nd	c
硝基苯	Nitrobenzene	98-95-3	c	nd	nd	nd	nd	c
2-硝基丙烷	2-Nitropropane	79-46-9	c	nd	nd	nd	nd	c

续表

化合物中文名	化合物英文名	CAS No.[b]	适当的制备方法					
			5030/5035	5031	5032	5021	5041	直接进样
N-亚硝基二正丁胺	*N*-Nitroso-di-*n*-butylamine	924-16-3	pp	c	nd	nd	nd	c
三聚乙醛	Paraldehyde	123-63-7	pp	c	nd	nd	nd	c
五氯乙烷	Pentachloroethane	76-01-7	I	nd	nd	nd	nd	c
2-戊酮	2-Pentanone	107-87-9	pp	c	nd	nd	nd	c
2-甲基吡啶	2-Picoline	109-06-8	pp	c	nd	nd	nd	c
正丙醇	1-Propanol	71-23-8	ht / pp	c	nd	nd	nd	c
异丙醇	2-Propanol	67-63-0	ht / pp	c	nd	nd	nd	c
丙炔醇	Propargyl alcohol	107-19-7	pp	I	nd	nd	nd	c
β-丙内酯	*β*-Propiolactone	57-57-8	pp	nd	nd	nd	nd	c
丙腈（乙基氰）	Propionitrile (ethyl cyanide)	107-12-0	ht	c	nd	nd	nd	pc
正丙胺	*n*-Propylamine	107-10-8	c	nd	nd	nd	nd	c
吡啶	Pyridine	110-86-1	I	c	nd	nd	nd	c
苯乙烯	Styrene	100-42-5	c	nd	c	c	c	c
1,1,1,2-四氯乙烷	1,1,1,2-Tetrachloroethane	630-20-6	c	nd	nd	c	c	c
1,1,2,2-四氯乙烷	1,1,2,2-Tetrachloroethane	79-34-5	c	nd	c	c	c	c
四氯乙烯	Tetrachloroethene	127-18-4	c	nd	c	c	c	c
甲苯	Toluene	108-88-3	c	nd	c	c	c	c
甲苯-D_8（替代物）	Toluene-D_8 (surr)	2037-26-5	c	nd	c	c	c	c
邻甲苯胺	*o*-Toluidine	95-53-4	pp	c	nd	nd	nd	c
1,2,4-三氯苯	1,2,4-Trichlorobenzene	120-82-1	c	nd	nd	c	nd	c
三氯乙烷	1,1,1-Trichloroethane	71-55-6	c	nd	c	c	c	c
1,1,2-三氯乙烷	1,1,2-Trichloroethane	79-00-5	c	nd	c	c	c	c
三氯乙烯	Trichloroethene	79-01-6	c	nd	c	c	c	c
三氯氟甲烷	Trichlorofluoromethane	75-69-4	c	nd	c	c	c	c
1,2,3-三氯丙烷	1,2,3-Trichloropropane	96-18-4	c	nd	c	c	c	c
醋酸乙烯酯	Vinyl acetate	108-05-4	c	nd	c	nd	nd	c
氯乙烯	Vinyl chloride	75-01-4	c	nd	c	c	c	c
邻-二甲苯	*o*-Xylene	95-47-6	c	nd	c	c	c	c
间-二甲苯	*m*-Xylene	108-38-3	c	nd	c	c	c	c

续表

化合物中文名	化合物英文名	CAS No.[b]	适当的制备方法					
			5030/5035	5031	5032	5021	5041	直接进样
对-二甲苯	*p*-Xylene	106-42-3	c	nd	c	c	c	c

a 见 EPA8260C 1.2 节其他适当的样品制备技术。

b CAS 登记号。

注：c = 通过这种技术有满意的响应；ht = 方法仅在 80℃下吹扫；nd = 未检出；I = 对于此化合物此技术不合适；pc = 色谱行为较差；pp = 吹扫效率低，导致高估计定量限；surr = 替代物；IS = 内标。

表 2　目标化合物、替代物和内标（EPA 5031）

目标化合物	替代物	内标
丙酮	丙酮-D_6	异丙醇-D_8
乙腈	乙腈-D_3	异丙醇-D_8
丙烯腈	异丙醇-D_8	
丙烯醇	二甲基甲酰胺- D_7	
丁烯醛	异丙醇-D_8	
1,4-二氧六环	1,4-二氧六环-D_8	二甲基甲酰胺-D_7
异丁醇	二甲基甲酰胺-D_7	
甲醇	甲醇-D_3	异丙醇-D_8
2-丁酮	异丙醇-D_8	
亚硝基二丁胺	二甲基甲酰胺-D_7	
三聚乙醛	二甲基甲酰胺-D_7	
2-甲基吡啶	二甲基甲酰胺-D_7	
丙腈	异丙醇-D_8	
吡啶	吡啶-D_5	二甲基甲酰胺-D_7
邻-甲苯胺	二甲基甲酰胺-D_7	

表 3　校准曲线溶液的浓度（EPA 5031）

化合物	浓度/(ng/μl)
内标	
苯甲醇-D_5	10.0
二甘醇二甲醚-D_{14}	10.0
二甲基甲酰胺-D_7	10.0
异丙醇-D_8	10.0

续表

化合物	浓度/(ng/μl)
替代物	
丙酮-D_6	10.0
乙腈-D_3	10.0
1,4-二氧六环-D_8	10.0
甲醇-D_3	10.0
吡啶-D_5	10.0
目标物	
丙酮	1.0, 5.0, 10.0, 25.0, 100.0
乙腈	1.0, 5.0, 10.0, 25.0, 100.0
丙烯腈	1.0, 5.0, 10.0, 25.0, 100.0
丙烯醇	1.0, 5.0, 10.0, 25.0, 100.0
丁烯醛	1.0, 5.0, 10.0, 25.0, 100.0
1,4 –二氧六环	1.0, 5.0, 10.0, 25.0, 100.0
异丁醇	1.0, 5.0, 10.0, 25.0, 100.0
甲醇	1.0, 5.0, 10.0, 25.0, 100.0
2-丁酮	1.0, 5.0, 10.0, 25.0, 100.0
亚硝基二丁胺	1.0, 5.0, 10.0, 25.0, 100.0
三聚乙醛	1.0, 5.0, 10.0, 25.0, 100.0
2-甲基吡啶	1.0, 5.0, 10.0, 25.0, 100.0
丙腈	1.0, 5.0, 10.0, 25.0, 100.0
吡啶	1.0, 5.0, 10.0, 25.0, 100.0
邻–甲苯胺	1.0, 5.0, 10.0, 25.0, 100.0

表 4 挥发性有机物的特征离子和保留时间（EPA 5031）

化合物	定量离子[a]	参考离子	保留时间/min[b]
内标			
异丙醇-D_8	49		1.75
二甘醇二甲醚-D_{14}	66	98,64	9.07
二甲基甲酰胺-D_7	50	80	9.20
替代物			
丙酮-D_6	46	64,42	1.03
甲醇-D_3	33	35,30	1.75

续表

化合物	定量离子[a]	参考离子	保留时间/min[b]
乙腈-D_3	44	42	2.63
1,4-二氧六环-D_8	96	64,34	3.97
吡啶-D_5	84	56,79 ,71	6.73
苯酚-D_5[c]	99		15.43
目标物			
丙酮	43	58	1.05
甲醇	31	29	1.52
2-丁酮	43	72,57	1.53
甲基丙烯腈[c]	67	41	2.38
丙烯腈	53	52,51	2.53
乙腈	41	40,39	2.73
甲基异丁基酮[c]	85	100,58	2.78
丙腈	54	52,55	3.13
巴豆醛	41	70	3.43
1,4 –二氧六环	58	88,57	4.00
三聚乙醛	45	89	4.75
异丁醇	43	33,42	5.05
丙烯醇	57	39	5.63
吡啶	79	50,52	6.70
2-甲基吡啶	93	66	7.27
亚硝基二丁胺	84	116	12.82
苯胺[c]	93	66,92	13.23
邻-甲苯胺	106	107	13.68
苯酚[c]	94	66,65	15.43

a 选择性离子监控时的定量离子。

b 气相色谱柱柱：DB-Wax，30 m×0.53 mm，1 μm 膜厚。

升温程序： $45℃(4\,min)\xrightarrow{12℃/min}220℃$ 。

c 由于准确度和精密度不理想，可从目标分析物列表中删除。

表 5 用平均回收率和相对标准偏差表示方法准确度和精密度[a]

（EPA 5031，大型蒸馏技术）

（单个实验室和单个操作者）

化合物	加入 25 ppb		加入 100 ppb		加入 500 ppb	
	平均回收率%	RSD%	平均回收率%	RSD%	平均回收率%	RSD%
丙酮-D_6	66	24	69	14	65	16
乙腈-D_3	89	18	80	18	70	10
1,4-二氧六环-D_8	56	34	58	11	61	18
甲醇-D_3	43	29	48	19	56	14
吡啶-D_5	83	6.3	84	7.8	85	9.0
丙酮	67	45	63	14	60	14
乙腈	44	35	52	15	56	15
丙烯腈	49	42	47	27	45	27
丙烯醇	69	13	70	9.7	73	10
巴豆醛	68	22	68	13	69	13
1,4 –二氧六环	63	25	55	16	54	13
异丁醇	66	14	66	5.7	65	7.9
甲醇	50	36	46	22	49	18
2-丁酮	55	37	56	20	52	19
亚硝基二丁胺	57	21	61	15	72	18
三聚乙醛	65	20	66	11	60	8.9
2-甲基吡啶	81	12	81	6.8	84	8.0
丙腈	67	22	69	13	68	13
吡啶	74	7.4	72	6.7	74	7.3
邻-甲苯胺	52	31	54	15	58	12

a 采用四级杆质谱的选择性离子模式分析空白加标（$n=7$）。

本书涉及的文本说明

EPA 3820	十六提取和筛选可吹扫的挥发性有机物
EPA 3585	废弃物中挥发性有机物的稀释
EPA 5000	挥发性有机化合物的样品制备
EPA 5021	平衡顶空法分析土壤和固体基体样品中挥发性有机物
EPA 5030/5035	密闭式吹扫捕集法检测土壤和废弃物中挥发性有机物
EPA 5031	采用共沸蒸馏法处理不可吹扫的水溶性挥发性化合物
EPA 5032	真空蒸馏处理挥发性有机物
EPA 5041A	挥发性有机物样品培养瓶（VOST）/吸附笔解吸测定法
EPA 8261	真空蒸馏/气相色谱/质谱（VD / GC / MS）测定挥发性有机化合物
EPA 8260C	气相色谱质谱法测定挥发性有机物
EPA 8015A EPA 8015B EPA 8015C	GC / FID 测定非卤化挥发性有机物
EPA 8021B	气相色谱光电离和/或电解电导检测器测定芳香卤代挥发物